기계현장의
보전실무

기계요소 작업집

박 승 국 편저

대 광 서 림

머 리 말

　유한의 자원을 효과적으로 활용하지 않으면 안된다고 하는　것은 지금은 누구나가 이해하는 것이지만 그 때문에 지금까지와　같은 GNP적 발상과는 다른 의미에 있어서 생산설비의 성능을 극한적으로 발휘해야 한다는 것이 지금이기도 하다.

　그러나 한편 기계현장으로 눈을 돌려보면 지역사회에까지　영향을 미치는 큰 사고에서 부터 자그마한 부분적인 사고까지 합쳐 거의 매일과 같은 트러블이 발생하여 그 때문에 보전부문은 만년 손부족의 상태이며 또한 다액의 수선비와 큰 손실을 초래하고 있는 것이 실정이다.

　현재와 같이 대형화, 고성능인 생산설비에 대해서는 공학, 기술분야에서 빛을 보아 여러가지 규격등도 실시되고 있으며 보전기술자는 이것들을 충분히 활용해서 설비정도(設備精度)를 유지 향상시키지 않으면 안된다.

　그러나 이것들은 어디까지나 원리원칙을 나타내고 있는 것이 많아 그 때문에 설비의 설계, 제작방향으로만 눈을 돌리는　경향이 강하고 복잡하게 여러가지 요소가 얽힌 기계현장에로는 반드시 그대로 적용하기 힘든 것도 사실이다.

　이와 같은 점에서도 설비의 진보에 따라 유저의 입장에서 본 보전기술서의 출현을 바라고 있지 않는가 하고 생각한다.

　필자는 과거 30년 이상이나 보전업무를 해왔고 실제로　자기손을 더럽히면서 현장의 실무도 경험했으나 지금까지도 업종이　다른 회사와 교류해서 견문을 넓히고 있다.

　이 실무서가 단지 필자 자신의 체험담에 끝이지 않느냐하는　기우도 가지면서 앞에 기술한 원리원칙을 유저측 입장에서　보전현장과 매치시켜 보전실무를 담당하고 있는 여러분들에게 약간이나마 도움이 될 것이라고 생각해서 쓴바이다.

필자의 비재와 불충분한 경험때문에 이해와 표현에 부적당한 점이 있으면 양해해주시기 바라는 바이다.

編著者 씀

기계현장의 보전실무 《기소작업집》

목   차

4 . 키이 맞춤의 요령과 빼는 방법의 포인트 ·········32

5 . 코터 핀은 이렇게 쓴다···························· 47

축, 베어링의 보전작업

6 . 축의 취급과 보전의 포인트····························56

전동장치부품의 보전작업

10. 기어의 손상관 보수보전 ·····························104

11. 체인을 거는방법과 스프로켓의 중심내기방법···123

12. 최근의 벨트의 경향과 취급의 포인트·············132

목　차

| 시일부품의 보전작업 |

《보전작업의 진행방법》

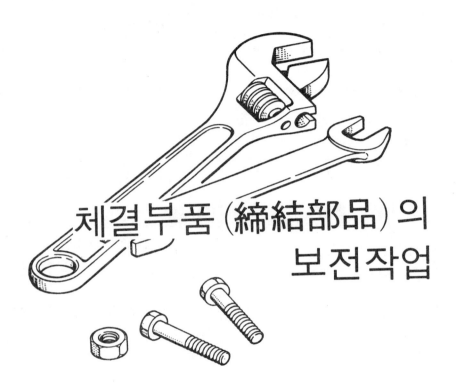

체결부품 (締結部品) 의
보전작업

1 보울트 너트의 풀림 방지 테크닉

① 풀림방지는 완벽하게

보울트, 너트가 풀렸다……「그와같은 것은 별로 큰 문제가 아니다」라고 생각하면 크게 잘못이다. 한개의 보울트, 너트가 풀려있었으므로 생각치도 않았던 설비(設備)의 성능저하나 혹은 고속회전체(高速回転体)에서 부품이 튀어나와 인신(人身)사고가 되거나 큰 설비사고와 연결되는 케이스는 현실적으로 대단히 많이 발생하고 있다.

「알았다. 그러면 정기적으로 점검하자」. 물론 그것도 중요한 보전작업이다. 일상시의 수리, 보전정비에 의해 보울트, 너트의 적정한 쥠이나 풀림의 발견을해서 안전과 정도(精度)를 항상 확보해야 한다.

그러나 또 한편 설비의 설계, 제작, 조립시에 가능한 한 풀리지 않는 방법으로 보울트, 너트를 쥔다. 즉 풀림을 방지하는 기구를 장착해 두는 것도 중요한 일이다.

그러므로 여기서는 기계의 보전상 알아두어야 할 풀림방지의 방법과 그 포인트에 대해 쓰기로 한다.

② 와셔를 쓴 풀림 방지

2 - 1 스프링와셔에 의한 방법

스프링와셔는 일반적으로 자주 쓰이는 것이며 그림1.1과 같은 형상을 하고 있다.

이 와셔는 반복사용함으로써 쥠좌면(座面)을 손상시키거나 와셔의 절단부분이 마모(摩耗)되거나 또 탄력성(弾力性)이 저하되거나 하면 풀림방지효과가 감소되므로 고속회전체나 고진동체에는 부적당하다.

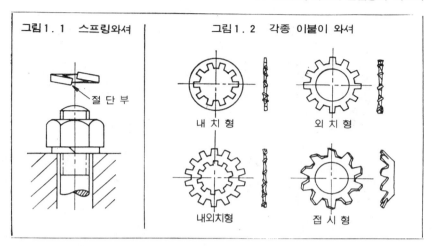

그림1. 1 스프링와셔

절 단 부

그림1. 2 각종 이붙이 와셔

내 치 형

외 치 형

내외치형

접 시 형

보통 정지(靜止)상태의 구조체의 조립등에 많이 쓰인다.

2 - 2 이 (齒)붙이 와셔에의한 방법

이붙이와셔라고 하는 것은 스프링와셔의 절단부를 증가했다고 볼 수 있으나 그림1.2와 같이 여러가지 형상의 것이 있다.

이 와셔도 반복사용에 의한 죔좌면이나 절단부에 손상이 심해서 그때마다 풀림방지효과가 감소되므로 잘 점검해서 신품과 바꿀 필요가 있다.

그러므로 분해의 빈도가 적은 소형전기기기류(小型電気機器類) (스위치 릴레이등)나 가정전기제품에 많이 쓰이고 있다.

2 - 3 국화꽃상태 와셔에 의한 방법

구화상와셔는 주로 베어링너트의 풀림방지에 사용된다.

그림 1.3(a)와 같이 와셔에는 홀수의 돌기(突起)가 있어서 또 너트에는 그림1.3(b)와 같이 짝수(보통 4개)의 너치가 생겨져 있다.

이것을 죄었을때 원주(円周)의 너치와 돌기의 어느것인가가 일치되게끔 되므로 그 부분을 구부려 고정한다.

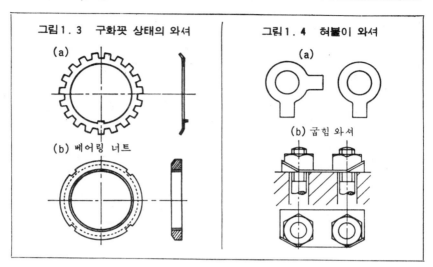

그림1. 3 구화꽂 상태의 와셔
(a)
(b) 베어링 너트

그림1. 4 혀붙이 와셔
(a)
(b) 굽힘 와셔

이것도 반복사용일 경우에는 균열, 변형에 충분한 주의를 해서 확실히 시공하면 신뢰성은 대단히 높다.

2 - 4 혀붙이 와셔(굽힘와셔)에 의한 방법

이것은 그림1.4(a)와 같이 혀의 부분을 좌(座)를 따라 굽히고 다른쪽을 보울트 또는 너트를 따라 굽히는 것이다. 또 그림1.4(b)와 같이 2개부분을 연결한 것도 있다.

체결후 확실히 구부려두면 신뢰성도 높고 만일 풀려있을 경우에도 쉽게 발견할 수 있다.

굽히는 부분의 열화(劣化)를 생각해서 반복사용치말고 매번 신품과 바꾸어 쓰면 안심이 되지만 장착부품의 치수, 형상에 맞춰 많은 종류를 갖고 있지 않으면 부품관리가 힘들다.

③ 풀림방지 너트를 사용한 풀림방지

3 - 1 홈달림 너트, 분할핀 고정에 의한 방법

이것은 그림1.5(a)와 같은 방법이고 극히 일반적으로 쓰이는 확실한 방

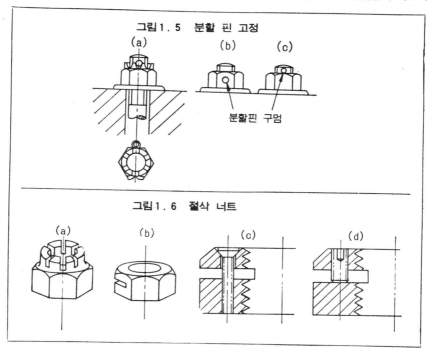

그림1. 5 분할 핀 고정
(a)　(b)　(c)

분할핀 구멍

그림1. 6 절삭 너트
(a)　(b)　(c)　(d)

법이지만 홈과 분할핀 구멍을 맞출때 너트를 되돌려 맞추지말것, 사이즈에 적합한 분할핀을 쓸 것, 그때마다 신품과 바꿀것. 선단(先端)을 충분히 굽힐 것등 확실한 시공을 하면 완벽할 것이다.

　그림1.5(b)와 같이 보통너트를 죈다음 구멍을 내서 분할핀을 끼우는 것은 보울트의 강도를 약하게 하고 또 재사용일 경우에는 구멍이 어긋나거나 하므로 좋은 방법이라고 할 수 없다.

　또 그림1.5(c)의 방법에 있어서는 너트의 탈락방지(脫落防止)는 돼도 풀림방지라고는 할 수 없다.

3 - 2 절삭너트에 의한 방법

　절삭너트는 그림1.6(a)(b)와 같이 너트의 일부를 절삭하여 미리 내측 (內側)으로 약간 변형시켜두고 보울트에 비틀어 넣었을때 나사부가 꽉 압착(圧

着)되게 돼 있다.

사용방법은 대단히 간단하지만 반복사용에 의해 마모되며, 당연히 압착력
이 약해져 풀림방지효과도 감소된다. 그러므로 대형너트는 그림1.6(c)(d)
와 같이 절삭부분을 소(小)나사로 죄어 비뚫어 지게하여서 압착력을 증가
시켜 풀림방지를하는 방법도 취해진다.

이것은 어느것도 정도의 관리나 소나사의 침힘이 중요한 포인트가 되는
것이다.

3 - 3 로크너트에의한 방법

로크너트는 더블너트라고도 하며 산업기계에서는 많이 사용되는 것이다.

더블너트의 정확한 사용방법은 그림1.7(a)와 같이 시초에 얇은 로크너트
로 죄고 다음에 정규너트를 죈다. 그후(c)와 같이 스패너 2개를 써서 상측
의 정규너트를 고정하면서 밑의 로크너트를 15~20° 역전시킨다. 이와같이

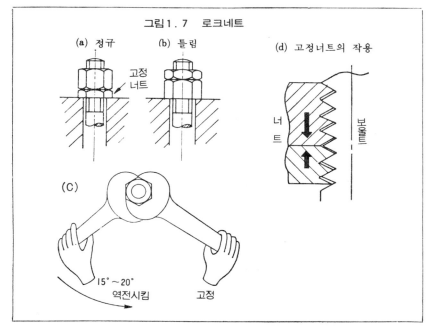

그림1 . 7   로크네트

(a) 정규   (b) 틀림   (d) 고정너트의 작용

고정
너트

(C)

15°~20°
역전시킴   고정

하면 2개의 너트와 보울트의 관계는 (d)와 같은 상태가 되어 죔, 풀림방지의 관계가 성립된다.

때때로 (b)와 같은 조립을 볼 수 있으나 이것은 (d)의 상태를 이해한다면 틀린 것이라고 할 수 있다.

더블너트는 하측의 로크너트를 역전시키기 위해 약간 얇은 스패너를 준비해야 하지만 그것이 없을때 혹은 얇은 로크너트가 없을때는 정규너트를 써도 지장이 없다. 그러나 그 경우에도 (c)의 방법으로 해야한다.

3 - 4 기타의 특수너트에 의한 방법

그림1.8(a)(b)는 너트의 일부에 플라스틱을 끼워넣어 나사고정의 마찰을 증가하게 한 것이다.

그림1.8(c)(d)는 더블너트형이며 죔좌를 원추상(円錐狀)으로 가공하고 죔힘에 의해 보울트를 바싹 껴안게끔 한 것이다. 싱글형이고 죔좌를 원추상으로 한 것은 자동차나 포크트럭의 휠너트가 있다.

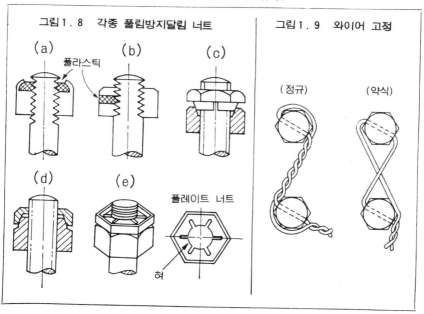

그림1.8 각종 풀림방지달림 너트

(a) 플라스틱 (b) (c)

(d) (e) 플레이트 너트 혀

그림1.9 와이어 고정

(정규) (약식)

다음의 (c)도 더블너트이지만 강판정형(鋼板整形)한 플레이트너트라고
하며 비틀어 넣으면 혀의 부분이 나사밑에 파고들어 풀림방지가 되는 것이
다. 이것은 경량(輕量)이므로 항공기, 차량, 고속회전체등에 쓰인다.

이들 어느것도 마모, 손상등에 의해 풀림방지효과가 감소되므로 사용에
있어서는 충분한 점검이 필요하다.

④ 기타의 풀림방지

4 - 1 와이어고정에의한 방법

이 방법은 주로 쵬보울트에 쓰는 것이며 6각두부(角頭部)에 1 ~ 2 mm∅
의 구멍을 내두고 아연도금연철선(亞鉛鍍金軟鉄線)으로 그림1.9와 같이 잡
아매는 방법이다.

물론 지나치게 강하게 잡아매면 철선의 곡부에서 절단되거나 균열이 일
어나 실패한다. 또 잡아매는 방향을 틀리지 않게 주의한다.

이 방법은 보울트의 피치에 관계없이 또 동일평면상이 아니라도 시공할
수 있고 1개만의 경우에는 부근의 적당한 돌기물에 구멍을 내서 쓴다든가
지장이 없는 장소에 다미이보울트를 장착해서 쓸수도 있다.

4 - 2 기타의 방법

이상과 같은 외에 너트에 스프링와셔를 부착한 것이나 내부에 코일스프링
을 넣은 것도 있다.

또 때에 따라서는 너트를 쵠 다음 보울트와 전기용접하거나 펀치로 나사
를 찌부러뜨리거나 비틀어 넣을때 접착재를 쓰는등 여러가지 방법이 쓰이
고 있다.

따라서 사용장소나 사용조건상 적절한 방법을 선택해서 확실히 시공하는
것이 중요하다.

2 고착(固着)된 보울트너트를 떼내려면

① 고착은 어떻게 일어나는가

보울트, 너트는 우리들이 일상생활을 하는데 있어서 없어서는 안되는 것으로 돼 있다. 잠시 내 주변을 보더라도 눈에 띄는 기기나 기구에서 이것이 쓰이지 않은 것은 찾아보기 힘들다.

물론 산업기계에서도 보울트, 너트는 가장 기초적인 요소부품이며 장착, 죌때는 물품을 잘 봐서 죄는 힘등에도 충분히 주의해서 조립되고 있는 것이다.

그러나 분해하려고 할 경우 때에 따라서는 굳어서 쉽게 풀리지 않아 고생하는 경험이 있다고 생각한다.

그러면 어째서 이와같이 고착되는지 알아보기로 한다. 우선 그림2.1을 보기로한다. 이와 같이 너트를 죘을때 나사부분에 반드시 틈이 발생한다. 이 틈새로 수분, 부식성(腐蝕性)가스, 부식성액체가 침입해서 녹이 발생하

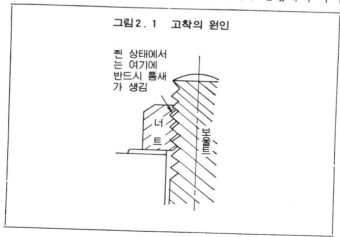

그림2.1 고착의 원인

죈 상태에서는 여기에 반드시 틈새가 생김

너트

보울트

지만 이 녹이 고착의 원인이다.

철녹(鉄錆)의 정체는 산화철이며 이것은 원래의 체적(体積)의 몇배나 팽창하기 때문에 틈새를 메우므로 너트가 풀리지 않게된다.

또 강하게 가열됐을때도 산화철이 생기므로 위와 마찬가지로 풀리지 않게 된다.

2 고착을 방지하려면

그러므로 이와같은 녹에의한 고착을 방지하려면 우선 나사의 틈새에 부식성의 것이 침입하지 못하게해야 한다.

그 방법으로서 기계현장에서는 산화연분(酸化鉛粉)을 기계유(機械油)로 반죽한 소위 적색페인트를 나사부분에 칠해서 죄는 방법이 쓰인다. 이 방법은 수분이나 다소의 부식성가스가 있어도 침해되지 않고 2~3년은 충분히 견딘다.

또 유성페인트(도료로서 쓸 수 없을정도로 끈적끈적한 것이 좋다)를 나사부분에 칠해서 조립하는 방법도 효과적이며 보통의 공장배수중의 플랜지나 구조물의 보울트, 너트라도 충분히 사용에 견딜 수 있고 또 만조시에 해수가 올라오는 곳에서 쓸 경우라도 1~2년은 고착되지 않는다.

기타 강도(強度)의 부식성가스나 산액(酸液)에 접촉될때는 강제(鋼製)의 보울트, 너트는 부적당하므로 스테인레스나 내식성금속의 것을 쓰는 외에 별도리가 없다.

그러나 보울트, 너트만을 내식성재료로해도 죄는 플랜지나 구조물이 이종(異種)의 금속이면 그 접촉면에 전기화학적 작용에 의해부식이 진행되어 결과적으로는 수일에서 수주간이내에 죔효과가 없어진다. 그 점에 대해서는 설계상 혹은 개개의 조건에 따른 방청대책을 시공하게끔 주의한다.

3 고착된 것을 분해하는 방법

만일 보울트, 너트가 고착됐을 경우 강한 힘으로 무리하게 분해하려고 하면 보울트는 절단된다.

물론 절단돼도 위험이 없는 곳이나 다른 부분의 파손의 염려가 없는 곳, 수리를 하기 쉬울 경우등에는 오히려 절단돼서 새로운 보울트와 바꾸는 것이 좋다. 또 화기(火気)를 사용해도 되는 곳에서는 아세틸렌 버어너로 절단하는 것이 좋다.

그러나 풀어서 분해하지 않으면 안될경우가 많으며 기계현장에서는 이것을 보울트, 너트를 「속여 뺀다」라고 하고 있다.

그러면 여기서 이 「속여 뺀다」방법에 대해 쓰기로 한다.

3 - 1 너트를 두드려 푸는 방법

이 방법은 그림2.2와 같이 해머를 두개 써서 한개의 해머는 너트의 각(角)에 강하게 밀어대고 반대측을 두드렸을때 강하게 튀어나게끔 지지한다. 이렇게하고 또 한편의 해머로 몇번씩 순차적으로 위치를 바꾸어가며 두드리면 상당히 녹이 많이 난 너트라도 풀 수 있다.

3 - 2 너트를 잘라 넓히는 방법

그림2.2의 방법으로도 너트가 풀리지 않는 경우에는 정으로 너트를 잘라

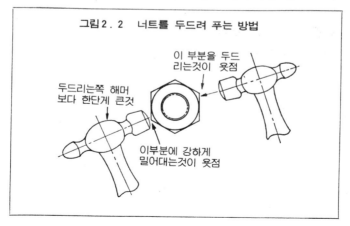

그림2 . 2　너트를 두드려 푸는 방법

이 부분을 두드리는것이 옳점

두드리는쪽 해머보다 한단게 큰것

이부분에 강하게 밀어대는것이 옳점

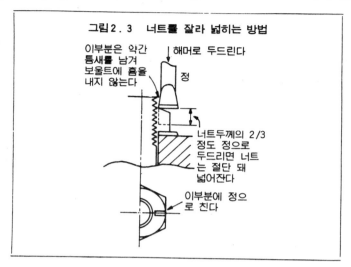

그림2. 3   너트를 잘라 넓히는 방법

이부분은 약간 틈새를 남겨 보울트에 홈을 내지 않는다

해머로 두드린다

정

너트두께의 2/3 정도 정으로 두드리면 너트는 절단 돼 넓어잔다

이부분에 정으로 친다

넓힌다.

이 방법을 그림2.3에 나타냈으나 너트의 치수가 M20정도의 것까지 라면 소형해머로 절단할 수 있다. 그 이상의 것은 손잡이가 있는 정과 큰 해머를 쓰면 될 것이다.

단지 어느 경우라도 정과 보울트사이에 틈새를 남겨 수나사에 손상을 주지 않게 주의할 필요가 있다.

3 - 3 비틀어넣기 보울트를 빼는 방법

비틀어넣기 보울트가 고착된 경우 보통은 보울트의 목밑의 구멍의 부분에 녹이 나서 잘 빠지지 않을때가 많다.

이와같은 경우에는 그림2.4와 같이 우선 보울트 머리의 위에서 해머로 몇번 두드리고 다음에 그림2.2의 요령으로 보울트의 각을 두드려주면 뺄 수 있다.

그러나 녹이 심할 경우에는 보울트의 6 각두부(角頭部)도 부식해서 정규(正規)의 스패너를 걸 수 없을때가 있다. 그와 같은 때에는 파이프렌치 등으로 꽉 물리고 빼는 것이 좋다.

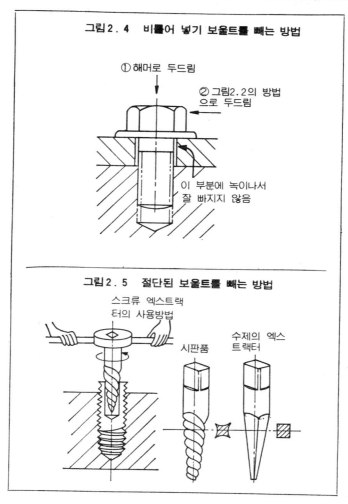

그림2. 4 비틀어 넣기 보울트를 빼는 방법

① 해머로 두드림

② 그림2. 2의 방법
으로 두드림

이 부분에 녹이나서
잘 빠지지 않음

그림2. 5 절단된 보울트를 빼는 방법

스크류 엑스트랙
터의 사용방법

시판품

수제의 엑스
트랙터

3 - 4 부러진 보울트를 빼는 방법

비틀어 넣은 보울트가 밑부분에서 부러져 있을 경우가 있다. 이 경우에
는 그림2.5와 같이 각종류의 스크류엑스트랙터를 쓴다. 이것이 없을 경우에
는 공구강(工具鋼)의 환봉(丸棒)으로 그림과 같은 수제(手製)의 것을 만든다.

밑의 구멍지름은 보울트직경의 60%정도가 적당하다.

3 보울트너트의 적정한 죔·방법

① 정확한 죔의 중요성

보울트, 너트가 충분히 이해되고 정확히 취급되고 있는지 아닌지는 아직 의문이 있다고 본다.

예컨대 파이프의 이음이나 기계의 접합부에서 기름이 누설되는 것을 못 본척하거나 단렴하고 있지 않은지, 이것은 보울트, 너트의 정확한 죔에 의해 대부분 해소할 수 있다.

나사에 대해서는 많은 연구자가 실험을하고 기계설계, 재료역학등의 책에도 상세히 해설 돼 있다. 그러나 적정한 죔에대한 문헌은 대단히 수가 적다.

그러므로 이 항에서는 현장 기술자나 보전맨으로서 이해하여 두어야 할 적정한 죔에 관한 기본사항을 이 책의 저자의 실험이나 경험도 섞어 넣어 정리해본다.

② 죔의 짜임새와 적정한 죔의 힘

2 - 1 죔의 힘과 응력

너트를 죄었을때 보울트에 작용하는 힘은 죔의 힘과 그것에 대한 응력이 있다.

그림3.1과같은 관통보울트를 예로 이것을 생각해 보자.

우선 너트를 죄면 보울트는 상하방향으로 당겨져 그 힘에 해당하는 반대 방향의 응력이 보울트 내부에 발생한다. 이것이 또 너트를 개재시켜 플랜지를 죄는 힘이되며 쌍방이 균형을 잡은 상태에서 플래지의 죔의 힘이 발생하게 된다.

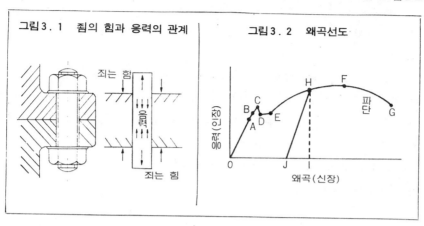

그림 3.1 죔의 힘과 응력의 관계   그림 3.2 왜곡선도

2 - 2 응력과 왜곡(歪曲)

물체에 외력이 걸렸을 경우 응력이 발생함과 동시에 내부에는 반드시 왜곡이 생긴다. 예컨대 인장응력(引張応力)과 함께 발생하는 왜곡은 신장(伸張)이라고 하는 것과같이 ……

이 응력과 왜곡의 관계는 그림 3·2와 같은 왜곡선도(歪曲線図)로 나타낼 수 있다. 이하에 이 그림에따라 응력과 왜곡의 관계를 기술한다.

① A점 까지의 응력일 경우는 왜곡이 비례적으로 발생한다. 이 점을 비례한도(比例限度)라고 한다.

② B점 까지는 응력이 0으로 되돌아가면 왜곡도 0으로 되돌아 간다. 이 점을 탄성한계(弾性限界)라고 한다.

③ 탄성한계를 넘은 응력이 가해질 때는 약간의 응력이든가 또는 거의 응력이 걸림이 없이 C, D, A에로 급격히 왜곡은 성장한다. 이부분을 항복점(降伏点)이라고 한다.   A

④ 더욱 인장력이 증가하면 응력과 왜곡도 계속 증가해 F점에서 응력은 최대에 달한다. 이 점을 그 물체의 극한강도(極限強度)라고 하지만그 이후는 외력을 가해도 응력은 강하하고 왜곡만이 증대한다. 그리고 최후에는 F - G사이에서 파괴되는 것이다.

이상이 왜곡선도의 개략이지만 여기서 예컨대 탄성한계를 넘은 인장력을 가해 응력이 H로 까지 도달했다고 한다. 이 시점에서 인장력을 0으로 되돌려보면 거기에 따라 응력은 0이 된다.

그러나 왜곡은 원래대로 되돌아가지 않고 A점의 비례한도 이하의 직선과 거의 평행으로 J점에 도달한다. 즉 H에서 수직으로 내린I와J의 사이가 이 때의 회복왜곡 즉 이 경우의 탄성왜곡이며 O, J의 사이는 잔류 (殘留) 왜곡 또는 영구(永久)왜곡으로서 신장된다.

따라서 이 때에 죔의 힘으로서 작용하는 것은 I, J사이의 탄성왜곡에 해당하는 힘만이 되는 것이다.

이와같이 보울트, 너트를 지나치게 죄어서 비례한도를 넘어버리면 문자 그대로 "지나침은 미치지 못함 보.다 못하다"이며 오히려 죔 효과를 상실한다.

그러므로 보통 보울트에 거는 힘은 항복하중(降伏荷重)×(0.6~0.7)이 적당하다고 본다.

③ 적정한 토오크로 죄는 방법

3 - 1 죔 토오크란

보울트, 너트의 대다수의 죔은 그림3. 3과같이 스패너로 죄지만 힘이 작용하는 점까지의 길이 l과 돌리는 힘 F로부터 다음과같이 죔 토오크를 구

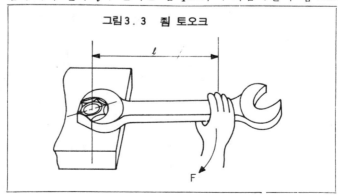

그림3. 3 죔 토오크

할 수 있다.

쥠 토오크 = $l \times F$

단위   kg − cm

kg − m

인치 −파운드

그러나 실제의 쥠에서는 쥠 좌면(座面)이나 나사부의 마찰저항 혹은 나사 형상에의한 효율등을 생각해서 보울트에 적정한 쥠의 힘을 가해야 한다. 그 경우 표3. 1의 표준토오크표를 참고로하기 바란다.

3 − 1 스패너에의한 적정한 쥠 방법

자동차, 약전(弱電)등 양산공장의 생산현장에서는 보울트, 너트를 신속, 확실히 죄기위해 전기, 공압식 (空圧式)의 토오크렌치, 임팩트렌치가 많이 쓰이고 있다.

표3. 1   표준 토오크   표

보 울 트		표준 토오크 (kg-cm)	
형식	직 경	보통재 보울트	하이텐션 보울트
미 이 터 나 사	6ᵐᵐ	64	130
	8	135	280
	10	280	560
	12	490	1,000
	14	800	1,600
	16	1,200	2,500
	20	2,400	4,900
위 드 나 사	3/8	230	420
	7/16	370	770
	1/2	550	1,150
	9/16	820	1,600
	5/8	1,140	2,300
	3/4	2,000	4,300
	7/8	3,300	6,900

그러나 보전부문에서는 다종다양한 사이즈, 형상의 것을 취급해야 하므로 보울트, 너트는 스패너로 죄는 것이 기본이다.

그러므로 보전맨은 이 스패너를 써서 항상 표준 토오크표에 나타내져 있는 값에 가까운 토오크로 죄는 기능을 습득해둔다.

이하에 많은 경험도 포함해서 그 죔의 방법을 기술한다.

① M 6 이하의 보울트

이것은 그림3,4(a)와 같이 집게손가락, 중지, 엄지손가락의 3개로 스패너를 잡고 속목의 힘만으로 돌린다.

$$l = 10\,mm, \qquad F = 약\ 5\,kg$$

② M10까지의 보울트

그림3,4(b)와 같이 스패너의 두부(頭部)를 잡고 팔끝의 힘으로 돌린다.

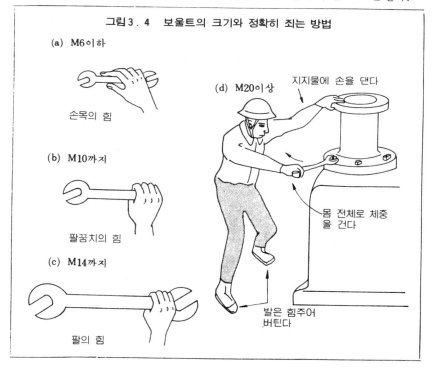

그림 3 . 4   보울트의 크기와 정확히 죄는 방법

(a) M6이하

손목의 힘

(b) M10까지

팔꿈치의 힘

(c) M14까지

팔의 힘

(d) M20이상

지지물에 손을 댄다

몸 전체로 체중을 건다

발은 힘주어 버틴다

$$l = 12\text{cm}, \qquad F = 약20\text{kg}$$

③ M12~14 까지의 보울트

이것은 그림 3, 4 (c)와 같이 스패너 손잡이 부분의 끝을 꽉 잡고 팔의 힘을 충분히 써서 돌린다.

$$l = 15\text{cm}, \qquad F = 약50\text{kg}$$

④ M20이상

이와 같이 커지면 한쪽 손은 확실한 지지물을 잡고 (d)와 같이 몸을 지지하며 발을 충분히 버티고 체중을 다해서 스패너를 돌린다. 그 경우 손 끝, 발 끝이 미끄러지지 않게 주의해야 한다.

$$l = 20\text{cm}이상, \qquad F = 100\text{kg}이상이 \ 필요$$

⑤ 특대보울트

(d)의 방법이라도 불충분한 것은 오프셋렌치, 소켓렌치로, 손잡이가 충분히 긴 것이나 특수한 스패너, 렌치를 연구해서 쓴다.

대략 이상과 같은 분류가 되지만 표준 토오크를 자신의 손과 팔에 정확히 익숙해지기 위해 토오크렌치로 죈 것과, 자신의 감각을 비교해 보는 것이 중요하다.

그러기 위해서는 언제나 잘 맞는 스패너를 쓰는 것이 중요하다. 큰 몽키렌치나 파이프렌치로 작은 보울트를 죄는 것을 때때로 보지만 이것은 서튼 사람들이 하는 것이며 프로의 작업이라고는 할 수 없다.

또한 보울트의 크기와 거기에 적합한 스패너가 한눈으로 알수 있듯이 숙련되어야 한다.

4 키이 맞춤의 요령과 빼는 방법의 포인트

① 최적한 키이의 사용분류

키이는 회전축(回転軸)에 푸울리나 기어, 커플링등을 고정하기 위해 쓰이는 것이며 용도, 부하에 따라 많은 형상의 것이 쓰인다.

이것을 형(型)으로 크게 분류해 보면 끼워맞춤부에 키이 홈을 내서 부착하는 것과 홈없이 부착하는 것으로 나뉜다.

키이에 대한 각부의 상세한 치수나 재질등은 규격을 참조하기 바란다.

여기서는 우선 여러가지 키이의 종류와 특징에 대해 기본적인 것을 종합해 보기로 한다.

1 - 1 새들키이의 특징과 사용개소

이것은 보스 쪽에만 홈을 내며 축에는 홈을 내지 않는다. 따라서 보스를 적당한 위치에 정하고 키이를 때려 넣는다.

그림4.1(a)는 말의 안장과같이 축 위에 키이를 올려놓고 있으므로 안장키이라고도 한다.

또 (b)는 축상의키이가 닿는 부분을 현물(現物)맞춤해서 줄로 평평하게깎아 때려 넣은 것이며 평(平)키이라고도 한다.

어느것도 고정력은 그다지 강하지 못하므로 소형의 간단한 기계에 쓰이고 있다.

1 - 2 반달키이의 특징과 사용개소

그림4.2는 우드러프키이라고도 하며 키이의 제작이나 홈의 공작이 대단히 간단하므로 대량생산할 수 있다고 본다.

자동차 관계의 부품이나 공장기계의 경부하(軽負荷)부품에 많이 쓰인다.

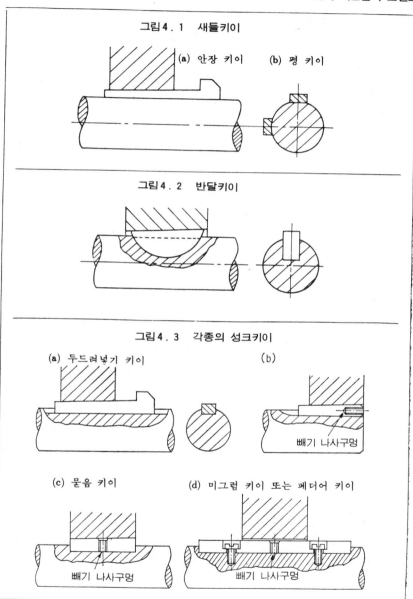

그림4 . 1   새들키이

(a) 안 장 키 이   (b) 평 키 이

그림4 . 2   반달키이

그림4 . 3   각종의 성크키이

(a) 두드려넣기 키이   (b)

빼기 나사구멍

(c) 묻음 키이   (d) 미그럼 키이 또는 페더어 키이

빼기 나사구멍   빼기 나사구멍

1 - 3 성크키이의 종류와 특징

보스와 축의 양쪽에 키이 홈을 내서 키이를 부착하는 것이 기본적인 형이지만 그 대표적인 것이 성크키이다.

이 성크키이 중에도 여러가지 종류가 있으며 예컨대 그림4.3(a)와같이 두부(頭部)달림키이를 때려 넣는 것이나 (b)와같이 두부가 없는 키이를 때려 넣는 것은 드라이빙키이라고도 한다.

또 그림4.3(c)와같이 축의 홈에 미리 키이를 묻고 보스를 끼워넣는「묻힘키이」도 성크키이의 일종이다.

또한 축에 긴 홈을 내고 작은 나사등으로 키이를 고정해서 보스가 좌우로 이동할 수 있게한 것을「슬라이딩키이 또는 페더키이」라고도 한다.

1 - 4 접선(接線)키이의 특징과 사용개소

이것은 그림4.4와같이 축상120° 의 위치에 각각 1조(組)씩의 구배(勾配)키이를 때려 넣는 방법이다.

이 키이는 접선방향으로 대단히 강한 힘을 발생할 수 있으므로 대형중하중(重荷重)의 감속기(減速機)기어나 프라이휠등을 강고히 고정시킬수 있다.

키를 때려 넣기나 빼내기는 해머를 쓰지만 직접 해머로 키이를 두드리는 것은 잘 맞지도 않고 그다지 쉽지 않다.

그러므로 그림4.5와같은「키이빼기 워지」를 공구강(工具鋼)으로 만들어서

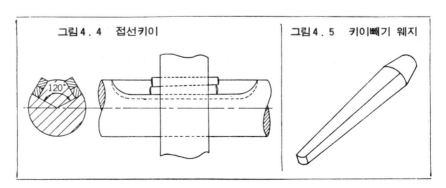

그림4 . 4　접선키이　　　　　　그림4 . 5　키이빼기 웨지

키이의 끝을 균등하게 두드리면서 집어 넣는다.

1 - 5 라운드키이의 특징

이것은 예컨대 그림4.6과같이 축의 끝에 링을 슈링케이지 피트했을 경우 그 끼워맞춤부에 구멍을 내고 탭을 만들어 나시봉을 강하게 비틀어 넣든가 혹은 비틀어 자르는 것이다.

그러므로 한번 부착하면 보통의 방법으로는 분해할 수 없다. 만일 분해 할 필요가 있을때는 또 한번 구멍을 내서 깎아내야 한다.

이와같이 보통의 방법으로는 분해할 수 없게하는 것을 "지옥(地獄)으로 한 다"라고 한다.

1 - 6 코온키이의 특징과 사용개소

예컨대 2로우터의 블로워는 구동(駆動)기어의 맞물림 각에따라 클리어 런스를 조정하기 위해 키이 홈을 쓸 수 없다. 또 풀리나 스프로켓등으로때 때로 위치를 바꿀 필요가 있는 것도 마찬가지로 키이홈을 쓸 수 없다. 이와 같이 키이홈이 있으면 적합치 못할 경우에는 그림4.7과 같은코온키이를 쓴다.

이것은 그림과같이 원추형의 통을 3개로 나눈 것이지만 이것을 두드려 넣기, 두드려 빼기에는 키이의 둥금새에 맞춘 그림4.8과같은 "코온키이빼기' 를 쓰면 편리하다. 이것도 미리 공구강(工具鋼)으로 만들어둔다.

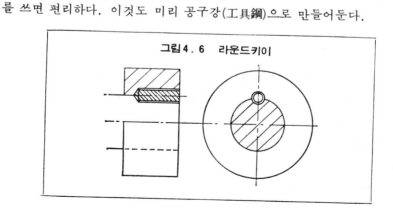

그림4 . 6 라운드키이

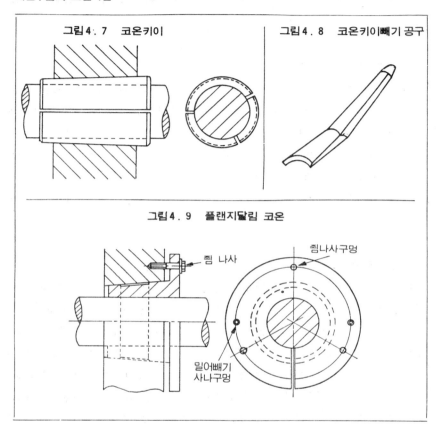

그림4.7 코온키이

그림4.8 코온키이빼기 공구

그림4.9 플랜지달림 코온

죔 나사

죔나사구멍

밀어빼기
사나구멍

1 - 7 플랜지달림 코온의 특징과 사용개소

이것은 그림4.9와같이 코온키이에 플랜지가 달린것같은 형이고 일부가 떨어져 있으며 역시 키이홈이 없고 보스를 확실히 축에 고정할 수 있다.

플랜지부에는 죔나사가 달려있으나 코온을 떼낼때는 이 나사를 이용해서 밀어빼기 나사구멍으로 밀어빼면 간단하게 떼낼 수 있다.

이 종류의 것은 수입한 기계에서 자주 볼 수 있다.

② 여러가지 키이의 맞춤방법의 포인트

키이가 잘 맞아 있지 않기 때문에 풀림이 생겨 축이나 기어, 푸울리등이 사용할 수 없게 됐다고하는 케이스는 기계고장으로서 제일 많다.

그 원인의 태반은 키이에 관한 부분의 설계, 제작불량이라고 하는 기본적인 미스이지만 이 종류의 고장은 수리하기도 복잡해지고 많은 비용과 시간을 낭비해야 한다.

이 항에서는 보전현장에서 키이의 수리, 조립을 할 경우의 기본적인 주의사항과 개개의 키이의 맞춤방법에 대해 쓰기로 한다.

2 - 1 키이맞춤의 기본적인 주의사항

(1) 키이의 치수, 재질, 형상등은 규격등을 참조로 충분한 강도의 검토를해서 규격품을 사용할 것.

(2) 키이를 맞추기 전에 축과 보스의 끼워맞춤이 불량 한 상태에서는 키이맞춤을 할 가치가 없다.

(3) 키이는 측면에 힘을 받으므로 폭(幅)치수의 마무리가 중요하다. 규격치수로 기계마무리 된 대로 사용할 것.

(4) 키이홈은 축, 보스 모두 기계가공에의해 축심(軸心)과 완전히 평행으로 깎아내고 축측(軸側)의 홈 폭은 H_7, 보스측의 홈 폭은 H_8의 끼워맞춤 공차(公差)를 쓰면 된다.

(5) 키이의 각(角)모서리는 면(面)따내기를 하고, 또한 양단은 타격에의한 말림방지 때문에 큰 면따내기를 한다.

(6) 묻음키이, 머리가 없는 두드려 넣기 키이에는 빼내기 사나구멍을 설치해서 키이빼내기 웨지, 키이빼내기 기구등 빼내기의 연구를 향상한다.

대략이상과같으나 다음에 여러가지 키이의 맞춤방법에 대해 개개의 포인트를 쓰기로 한다.

2 - 2 머리달림 두드려 넣기 키이의 맞춤방법

앞에 기술한 (1)에서 (6)까지의 원칙적인 점이 충분히 만족되면 그 다음

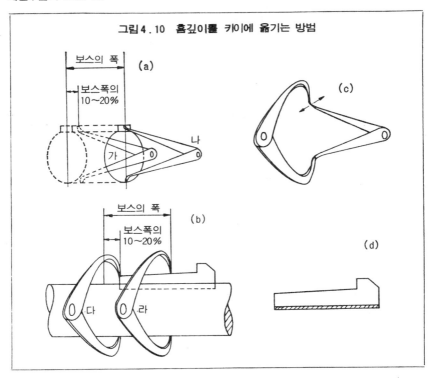

그림 4.10 홈깊이를 키이에 옮기는 방법

은 구배(勾配)맞춤이 큰 포인트가 된다.

　이하에 이 방법을 순서대로 설명한다. 그림4.10과 비교해 보기 바란다.

① 키이는 규격치수이고 높이는 다듬질여분이 남아있어야 한다.

② 보스의 구멍지름을 포함한 홈의 깊이를 그림4.10의 (a)의 방법으로 캘리퍼스로 잰다. 여기서의 요령은 (a)의 가와같이 보스폭의 10～20% 앞쪽의 지름을 재는 것이다.

③ 　　키이를 확실히 끼우고 (b)와같이 캘리퍼스로 잰다. 이 경우도 다와같이 보스폭의 10～20%인 곳에서 잰다.

④ 다음에 그림4.10(c)의 요령으로 키이의 마무리 여분을 확인한다.

⑤ 키이의 마무리는 (d)의 사선(斜線)부분 즉 키이의 하면(下面)을 줄로

깎고 ③④를 반복하면서 맞춰나간다. 키이의 상면(上面)을 깎아 맞추려고 하면 두부(頭部)가 방해가돼 평면으로 깎기 힘들다.

⑥ 때때로 키이의 상하면에 적색페인트를 얇게 칠하고 축에 보스를 장착해서 키이를 가볍게 두드려넣고 구배의 일치상태를 확인한다.

⑦ 이와같이해서 키이의 높이, 구배의 일치에 자신이 생겼을때 보스를 소정위치에 놓고 키이를 두드려 넣는다.

지금까지 기술한 점을 잘 직혔으면 꼭 좋은 위치에서 확실히 고정될 것이다.

이와같은 캘리퍼스의 사용방법은 대단히 감각적이지만 이것을할 수 없다면 키이맞춤은 아직 무리일 것이다.

이 머리달림 두드려넣기 키이는 축의 중간정도까지 보스를 내밀고 고정할 경우 많이 쓰인다. 그러므로 축과 보스의 끼워맞춤은 그다지 강게하할 수 없으므로 키이맞춤을 완전히해야 한다.

이와같은 의미로도 이것은 키이맞춤의 대표적 예라고할 수 있다.

2 - 3 두부(頭部)가 없는 두드려넣기 키이의 맞춤방법

여기서 쓰는 두부가 없는 두드려넣기 키이는 그림4.3(b)에 해당하는 것이며 주로 축단(軸端)의 입력측(入力側)에 해당하는 기어나 커플링등에 쓰인다. 따라서 축과 보스의 끼워맞춤은 대단히 강해 대다수의 경우 보스를 100~150℃ 정도로 가열한 가벼운 슈링케이지피트가 쓰인다.

그러면 이하에 키이맞춤방법을 순서대로 설명한다.

① 이 키이의 구배맞춤도 전항의 두부달림 두드려넣기 키이와 같은 요령이다.

② 축에는 보스폭에 해당하는 위치에 그림4.11(a)와같이 밴드철구(鉄具)를 부착해두면 정확히 위치를 정할 수 있다.

③ 보스는 가스버너 또는 가열한 기름으로 가열팽창시켜 축에 들어가기 쉽게해둔다.

④ 그림4.11(b)와같이 우선 보스를 축에 걸치고 가볍게 들어갈 수 있음을

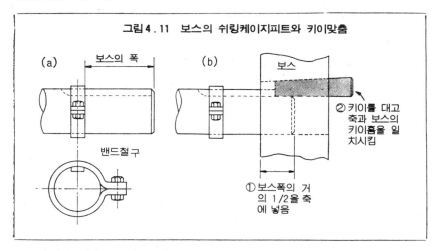

그림 4.11 보스의 쉬링케이지피트와 키이맞춤

(a) 보스의 폭

밴드철구

(b) 보스

② 키이를 대고 축과 보스의 키이홈을 일치시킴

① 보스폭의 거의 1/2을 축에 넣음

확인한 다음 1/2정도 넣는다. 다음에 키이를 홈에 대고 키이 홈을 일치시킨다.

⑤ 단번에 보스를 밴드철구(鐵具)까지 넣는다. 이때 키이는 약간 남게끔 하여 보스를 보내지 않으면 키이가 방해가 돼 도중에서 멈춘다.

이 ④와 ⑤의 동작은 거의 2～3초사이에 빨리 화상(火傷)을 당하지 않게 충분히 생각하면서 하지 않으면 슈링케이지피트가 도중에서 잘 안되는 경우가 있어서 실패하게 된다.

키이홈이 일치돼서 보스가 철구(鐵具)가 있는 소정의 위치에 끼워 맞춰졌을때 키이를 다시 두드려넣으면 완전히 성공한다.

2 - 4 묻음키이의 맞춤방법

이 키이는 대다수의 경우 그림4.12(a)와 같이 축의 중간정도에 보스를 밀어 넣은 형태로 쓰인다. 그러므로 두부달림두드려넣기 키이와 마찬가지로 축과 보스의 끼워맞춤은 그다지 강하게 할 수 없으므로 그만큼 구배맞춤을 정확히해야 한다.

구배맞춤의 요령은 두부달림두드려넣기 키이의 경우와 같은 방법으로 한다. 이하에 그림4.12에 따라 키이를 맞추는 방법을 설명한다.

그림4.12 묻음키이의 맞춤법

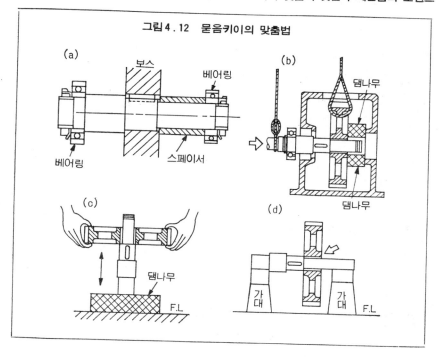

① 앞에서 쓴 키이에 관한 기본적인 주의사항의 (4)항에서는 축의 홈은 H,
보스측 홈은 H_8의 끼워맞춤공차(公差)라고 썼으나 묻음키이의 경우 H_5
정도로 마무리해서 키이를 축에 단단히 묻어둔다.

② 그림4.12의 (a)는 짜넣은 최종적인 형이지만 축에는 베어링이나 스페이
서등을 부착하는 관계도 있으므로 구체적으로는 (b)또는(c), (d)와 같은
방법으로 보스를 장착하게 된다.

③ 이미 베어링이나 기타의 부품을 부착한 다음 보스를 끼울때는 그것들의
부품이 손상되지 않게 세심한 주의를 하지 않으면 안될 것이다.

베어링과의 관계에 대해서는 다시금 그 항목에서 쓰기로 한다.

2 - 5 슬라이딩 키이의 맞춤방법

슬라이딩 키이는 조립했을 경우 축과 보스가 가볍게 이동할 필요가 있다. 또 보스의 키이홈과 키이 폭도 가볍게 이동하는 것이라야만 된다.

적은 틈새에서 이동시키는 것이므로 축과 보스의 키이 홈은 축 중심에 완전히 일치시키게끔 개개의 가공, 마무리에는 세심한 주의를 한다.

또 키이의 상면은 0.05mm정도의 틈새를 둔다. 이것은 슬라이딩 키이 조립의 특징이다.

또한 축의 홈과 키이는 다른것 보다 한층더 정확히 맞춰 고정나사로 확고히 고정하는 것도 잊어서는 안된다.

2 - 6 접선 키이의 맞춤방법

이 키이는 앞에서 기술한대로 대형중하중(大型重荷重)의 기어나 플라이휠에 쓰이는 관계로 키이 자체도 대단히 크다. 따라서 보전(保全)현장에서 이 키이의 홈을 가공하는 케이스는 없다고 본다.

그러므로 여기서는 이미 만들어진 것의 분해, 조립과 수리의 요점을 기술한다. 그림4.13과 대조하기 바란다.

① 키이를 두드려 넣는것은 그림4.13(a)와 같이 키이빼기 웨지를 써서 상하의 키이와 120° 반대측의 계 4개를 서로 평균적으로 두드려 넣는다.

② 두드려 넣을 수 있는 최대한도는 (b)의 상태까지이다. 또 키이의 양단은 그림과 같이 말림방지의 면(面)따내기를 한다.

③ (b)의 상태에서 키이의 두드려 넣기가 불충분할 것 같으면 (c)와 같이 축측(軸側)의 키이 홈에 적당한 두께의 심을 깔아 키이를 다시금 두드려 넣는다.

기계조정용의 심은 자주 드나드는 철강재 상점에 0.03, 0.05, 0.1~0.5mm두께의 대강(帶鋼)또는 스테인레스코일을 주문해서 준비해 두면 아주 편리하다.

④ 이 키이를 빼낼경우에는 두드려 넣기와는 반대방향으로 하면 된다.

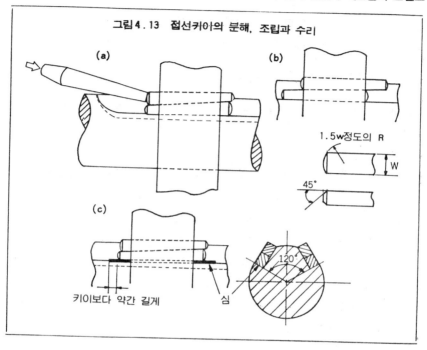

그림 4 . 13 접선키아의 분해, 조립과 수리

(a)

(b)

1.5w정도의 R

W

45°

(c)

키이보다 약간 길게

심

120°

단 정성껏 하지 않으면 키이가 튀어나와 대단히 위험하므로 빠지려고 할때는 가볍게 두드려 튀어나오지 못하게 하거나 웨스를 둥글게 하여 눌러두는등 충분히 주의할 필요가 있다.

2 − 7 기타의 키이맞춤

지금까지 기술한 키이맞춤을 충분히 할 수 있게 되면 그밖의 키이에 대해 서는 다시금 기술할 필요도 없다고 보지만 다짐하기 위해 다시 한번 그 기본 적인 포인트에 대해 정리하기로 한다.

① 키이와 축측의 홈, 보스측의 홈의 폭과의 끼워맞춤을 키이의 형식, 용 도등에서 선택해야 할 것.

② 키이의 구배맞춤은 줄 다듬질, 캘리퍼스의 사용방법등, 기본작업을 충 분히 습득해두어야 할 것.

③단지 키이맞춤이라고 해도 다른 항에서 기술하는 축, 축이임, 베어링, 기어, 기계재료등 종합적인 지식과 기능이 필요할 것.

③ 키이를 빼내는 방법의 요령

지금까지 확실한 키이맞춤에 대해 몇가지의 기초적인 방법에 대해 기술했다.

형상, 치수, 재질이 적절하고 정확한 키이맞춤을 하면 3〜5년간은 물론 더 긴 기간 풀림이 없이 사용할 수 있다. 예컨대 기어가 파손되어 축이 부러져도 키이의 부분은 건재했다고 하는 예는 혼하다.

또한 그 키이는 적절한 방법을 쓰면 손상됨이 없이 빼낼수도 있다고 본다. 여기서는 키이를 뺄 경우의 적절한 방법에 대해 쓰기로 한다.

①꽉 끼워진 키이를 빼려면 그나름대로의 공구가 필요하지만 그림4.14와 같은 키이빼기 웨지는 대단히 편리한 것이다.

　이것은 보통 시판되고 있지 않으므로 약도를 그려 출입공구상에 특별히 주문하면 만들어준다.

　또 100~150L의 것은 불필요한 평(平)줄을 아세틸렌버어너등으로 가열해서 만들면 된다.

　구배의 부분은 그라인더 마무리를 해둔다.

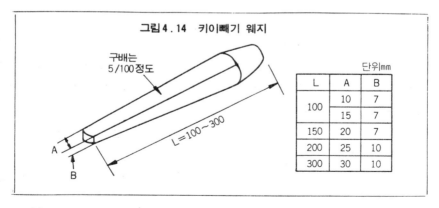

그림4.14 키이빼기 웨지

구배는
5/100정도

단위|mm

L	A	B
100	10	7
	15	7
150	20	7
200	25	10
300	30	10

L=100〜300

② 키이빼기 웨지는 그림4.15(a)와 같이 두개를 번갈아 두드려 사용하지만 특히 키이의 머리부분이 처져 있을 경우에는 웨지가 빠지거나 튀어나지 않게끔 주의한다.

③ 그림4.15(b)와 같은 경우에는 두부(頭部)가 없는 키이를 쓰는것이 원칙이지만 만일 이와 같은 것이 있을때는 그림과 같이 돌출된 키이 부분을 모루 위에 놓고 키이가 구부러지지 않게 주의해서 웨지를 두드려 넣는다.

④ 웨지를 좌우에서 두드려 넣을 정도의 스페이스가 없을 경우에는 그림 4.16(a)와 같은 키이빼기 기구를 제작해서 쓴다.

이 기구는 그림4.16(b)와 같이 20mm이하의 것은 키이빼기 웨지를 대고, 또 30mm이상의 것은 화살표부분을 직접 해머로 두드리게끔 한다.

이 방법은 해머의 타격력이 키를 밀어빼는 분력(分力)으로서 작용하며 대단히 강한 힘이 발생한다. 그러므로 키이의 머리부분이 약간 처쳐 있어도 충분히 뺄 수 있다.

이상 기술한 키이를 빼는 방법은 보전현장의 노우하우로서 전승돼 오는

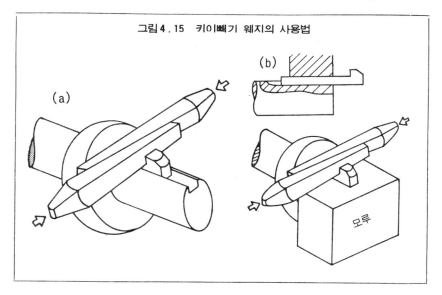

그림4.15 키이빼기 웨지의 사용법

(b)

(a)

모루

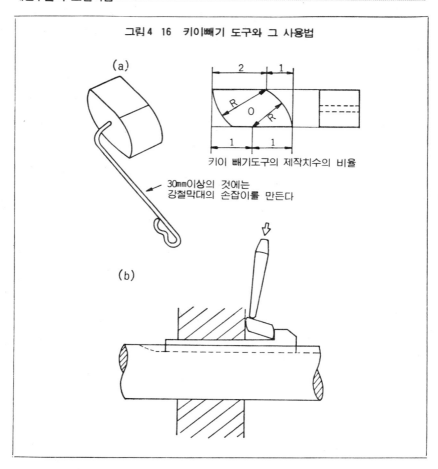

그림4 16 키이빼기 도구와 그 사용법

(a)

키이 빼기도구의 제작치수의 비율

30mm이상의 것에는
강절막대의 손잡이를 만든다

(b)

것이지만 역학적으로 봐도 대단히 우수한 방법이다.

　이와같이 모든면에 조리가 슨 작업방법을 여러가지로 연구해나가는 것도
보전맨의 중요한 임무이기도 하다.

5 코터·핀은 이렇게 쓴다

코터나 핀은 어느것도 기계부품의 접속고정과 위치결정에 쓰이는 것이다. 보전부문에서도 기계의 성능을 유지향상시키기 위해 항상 이것들을 많이 쓰고 있다고 본다.

그러나 지나치게 흔한 것이어서 사용방법도 타성적이 되어 오히려 역효과를 나타내고 있는 것도 자주 볼 수 있다.

여기서는 코터나 핀을 사용한 보전실무(保全實務)의 기본이 되는 사용방법에 대해 대표적인 예를 들며 설명하기로 한다.

1 코터를 쓰는방법의 요점

1 - 1 빗장코터의 사용방법

기계부품의 결합, 고정방법은 구조나 기능에 따라 여러가지 방법이 취해지지만 주류는 역시 나사일 것이다.

코터는 최근에는 그다지 눈에 띄지 않으나 그러나 간단하고 확실한 방법이기도 하고 특히 플런저펌프등에서는 크로스헤드와 플런져의 결합부분에 많이 쓰이고 있다.

이하에 이것을 예로하여 쓰기로한다.

코터는 여러가지 복잡한 형상의 것이 있으나 그림5.1과 같은 편구배 (片勾配)의 것이 가장 많이 쓰인다.

코터의 기본은 그림의 A, B, C의 3면이 유효하게 작용해서 고정되는 것이지만 그림과 같은 배치로 분할핀의 구멍을 내고 빠짐방지용 분할핀을 부착하는 연구가 중요하다.

더욱 사용상 중요한 것은 코터에 의한 결합부분에서는 결합방향 이외의 힘

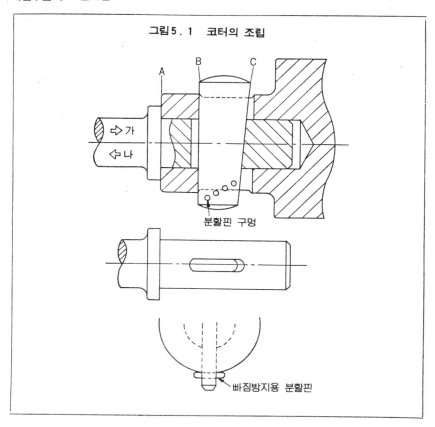

그림5. 1 코터의 조립

이 가해져서는 안된다.

예컨대 그림5.1의 플런져의 경우에는 보통 화살표의 가의 방향에서의 힘이 크며 이것은 A면에서 받을 수 있다. 화살표 나의 방향의 힘은 패킹과의 마찰력 정도의 것이며 거의 무시해도 지장이 없다.

그러나 이것이 가, 나 모두 같은정도의 힘이 걸리는 부분이면 코터결합은 부적당하므로 나사결합을 해야한다.

즉 코터는 간단, 신속, 확실히 결합방향에만 힘이 가해지는 부분에 적합한 체결부품인 것이다.

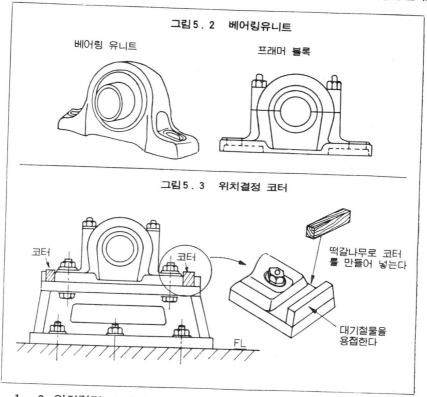

그림 5 . 2   베어링유니트

베어링 유니트

프래머 블록

그림 5 . 3   위치결정 코터

코터

코터

떡갈나무로 코터
를 만들어 넣는다

대기철물을
용접한다

FL

1 - 2 위치결정 코터의 사용방법

기계의 라인샤프트베어링으로서 그림5.2와 같은 베어링유니트, 플래머
블록이 많이 사용된다.

이들의 베어링유니트는 기계대좌(機械台座)나 프레임에 보울트로 죄어
져 있으나 부착위치의 조절이 가능하게 유니트의 보울트구멍은 길게 만들
어져 있다.

또 대다수의 경우 유니트 가까이에는 기어, 스프로켓, 푸울리가 부착돼
있으므로 항상 축과 직각방향의 힘이 작용하고 있다.

그러므로 이와같은 경우에는 보울트로 죄기만 한다면 기동(起動), 정지,
과하중(過荷重)등의 쇼크를 받았을때 유니트의 옆으로 밀려남을 완전히 방

지할 수 없어서 생각치도 않았던 사고가 생긴다.

그림5.3은 그와 같은 베어링의 옆으로 밀려남을 방지하기 위해 떡갈나무의 코터를 두드려 박는 방법을 나타내고 있다.

기계메이커에 따라서는 이정도 세밀한 설계구조를 취하고 있지 않은 경우도 있으므로 보전부문에서 독자적으로 설비의 신뢰성을 향상시키는 연구개선이 필요하다.

② 핀을 정확히 쓰는 방법

핀도 부품의 결합, 고정이나 위치결정등에 쓰이지만 코터에 비해 단면적이 적으므로 강도는 작아진다.

결합, 고정, 위치결정의 어느 경우라도 핀 구멍은 원칙적으로 관통 (貫通)구멍으로 해서 핀의 파손방지나 결합부를 분해할때 간단히 빼낼 수 있게끔 해야한다.

단지 축을 관통시켜 쓸 경우에는 축의 강도를 약하게 하므로 주의해야한다.

그러면 이하에 여러가지 핀의 사용방법에 대한 요점을 쓴다.

2 - 1 테이퍼 핀의 특징과 사용방법

테이퍼 핀의 사용방법은 그림5.4(a)와 같이 관통구멍에서 밑에서 때려 뺄 수 있게끔 쓰는 것이 기본이다.

그림5.4(b)와 같이 밑에서 때려 뺄 수 없을 경우에는 핀의 두부(頭部)에 나사를 내두고 너트를 걸어서 빼게끔 한다.

또 전항에서 베어링 유니트의 위치결정에 떡갈나무의 코터를 쓰는 법을 말했으나 유니트는 경량화(輕量化)때문에 부착보울트의 자리의 이측(裏側)에 약간의 홈이 나있다.

여기에 테이퍼 핀을 쓰면 그림5.4(c)와 같이 핀 구멍의 일부에 공간이생겨 충분한 강도를 기대할 수 없다. 최근 어떤 메이커의 베어링 유니트에는 이와같은 불합리함를 해소하기 위해 위치결정 핀의 부착좌(附着座)가설

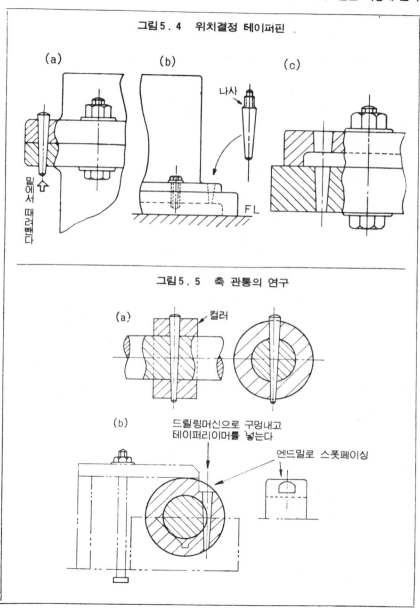

그림5 . 4 위치결정 테이퍼핀

(a)

(b)

나사

FL

(c)

밑에서 때려뺀다

그림5 . 5 축 관통의 연구

(a) 컬러

(b) 드릴링머신으로 구멍내고
테이퍼리머를 넣는다

엔드밀로 스폿페이싱

치돼 그부분만은 홈이 없다.

이와 같이 쓰는 입장에서 자사(自社)의 제품을 개선하는 메이커도 있다. 이것을 쓰면 위치결정 코터를 만들 염려도 없고 핀구멍의 가공만이면 되므로 크게 활용되고 있다.

다음에 그림5.5와 같이 축에 컬러를 부착해서 유극(遊隙)푸울리의 고정에 테이퍼핀을 쓰는 경우에 대해 설명한다.

이 경우 일반적으로는 그림5.5(a)와 같이 테이퍼핀을 부착하지만 그렇게 하면 축의 강도를 약하게 한다.

그러므로 약간 수고는 되지만(b)와 같이 핀을 축 중심에서 어긋나게 부착하면 축도 약해지지 않고 오히려 핀의 파단단면적(破斷斷面積)을 높이는 등의 이점이 생긴다.

이와 같이 약간 연구하면 독자적인 고장방지대책을 할 수 있다.

2 - 2 평행핀의 특징과 사용방법

평행핀도 사용방법의 기본은 테이퍼핀과 같으며 관통구멍에 넣고 핀펀치로 밑으로 때려 빠지게끔 해서 사용한다.

핀 구멍은 드릴로 구멍을 낸 다음 스트레이트 리이머를 관통시켜 정확한 구멍 지름으로 다듬질하며 핀과의 끼워맞춤은 m_6, H_6정도로 한다.

아무리해도 관통구멍으로 할 수 없을 경우에는 그림5.6(a)와 같이 핀에

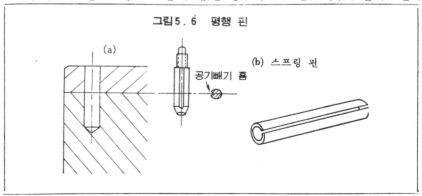

그림5. 6   평행 핀

(a)

공기빼기 홈

(b) 스프링 핀

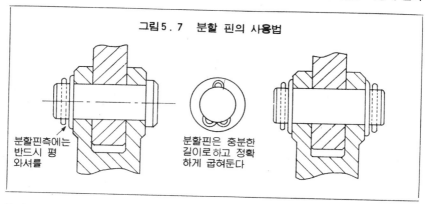

그림5. 7 분할 핀의 사용법

분할핀측에는
반드시 평
와셔를

분할핀은 충분한
길이로하고 정확
하게 굽혀둔다

공기빼기 홈을 내고 두부에 나사를 내서 쓰면 된다.

그림5.6(b)는 스프링 핀이라고 해서 구멍을 리이머가공하지 않아도 쓸수
있으므로 대단히 편리해서 최근에는 이것이 평행핀이나 테이퍼핀과 바뀌
고 있다.

단지 스프링핀을 쓰는 개소는 반드시 관통구멍이고 핀펀치로 밑쪽으로
때려 뺄 수 있는 곳이라야 한다.

2 – 3 분할핀의 특집과 사용방법

분할핀의 경우는 결합이나 위치결정이라기 보다 그림5.7과 같이 이음핀
의 빠짐방지나 앞에서 기술한 보울트, 너트의 풀림방지등에 쓰며 큰 강도
를 기대할 수 없다.

사용상으로는 한번 쓴 것은 다시 사용치말 것 또한 부착시는 끝을 충분
히 넓혀둘 것등을 주의한다.

빼짐방지의 분할핀이 빠지거나 절단되거나 혹은 넣는것을 잊어서 사고를
일으킨다는 것은 보전맨으로서 대단히 창피한 일이다.

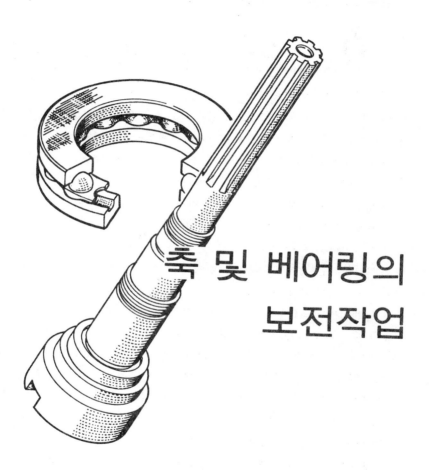

축 및 베어링의
보전작업

6 축의 취급과 보전의 포인트

축은 기계장치 중에서 회전, 왕복운동이나 정지(靜止)상태로 여러가지 기능을 담당하는 부품이지만 이것만으로는 거의 역할을 다할수 없으며 보통은 기어, 푸울리, 스프로켓등이 장착돼 베어링에 지지돼 비로서 역할을 다 한다. 그러므로 손상이나 파손도 많아 기계장치의 고장의 약 30%를 점유하고 있다. 이전에 이것들의 고장해석을 시도했으나 그 원인의 약 60%는 조립, 보전의 불량이고 다음에 설계의 불량이 30% 나머지 10%가 기타(원인불명, 자연열화(自然劣化), 불가항력등)로 돼 있다.

원래 축이라고 하는 기본적인 부품이 부러지거나 구부러지는 것은 생각할 수 없다고 본다. 그러므로 이 항에서는 축에 관한 트러블, 고장방지, 수리하는 방법에 대해 쓰기로 한다.

다음 페이지의 표6.1에 축의 고장현상, 그 원인, 처치대책을 정리했으나 이것을 종합하면 대략 다음과 같이 된다.

(1)축의 트러블에서 가장 많은 패턴은 기어, 푸울리, 베어링등의 끼워맞춤 불량에 의해 풀림이 발생하고 그 발견이 늦어져 차차 진행해서 프레팅코로오존(미동마모(微動摩耗), 두드려짐 마모라고도 한다)을 일으켜 때로는 이것이 축 파단의 기점이 돼 키이 홈 마모, 기어 마모, 파손, 베어링 마모등 치명적인 고장과 연결된다.

　　프레팅코로오존이 일어나면 끼워맞춤면이 흑변(黑変)하거나 녹이 나지만 이것이 끼워맞춤면의 1/3이상으로 퍼지면 그 다음에는 급속히 진행되므로 반드시 수리해야 한다.

(2)다음으로 많은 것은 응력집중에 의한 파단이다. 이것은 커플링의 중심 내기 불량이나 설계형상의 불비, 가공불량에 의한 것, 너치등에 의한 것이지만 파단면의 상태를 잘 연구, 관찰하면 대략 원인을 잡을수 있다.

표6.1 축 고장의 원인, 현상, 처치대책 분류표

근본원인	직접원인	주요한현상	처치대책방법
조립·보전불량	●부운트리, 기어, 베어링 등의 끼워맞춤불량	●기어맞춤부에 프레팅코로오존(미동마모)가 생겨 느슨하게 됨, 또는 위와 같음	●보스내경을 전사수리, 더하기 보수 또는 교체해서 축은 신환한 기어맞춤으로 함
	●동심부의 키이(핀, 코터 포함) 맞춤불량	●진동, 축 진동, 축 파단의 원인도 됨 ●위와 같음	●위와 같음
	●위와같은 현상을 수리하지 않고 썼을 경우	●진동, 소음이 심하고 기어, 베어링 사용불능이 된다. 시일이 부가 있으면 느슨도 크다.	●위와 같음
	●환 축의 사용, 큰 가공불량	●진동, 소음이 심하고 베어링부 발열 ●기어마모, 소음이 크고 베어링부 발열	●큰 굿곳이 수리, 교체 ●굿이 불량원인이면 조사해서 교체, 불가피한 경우 부적당함 도계로 봄
설계불량	●재질불량	●마모, 큼, 단시간에 피로파괴 등 (경과에 명확한 틀림, 주의하면 안다.) ●위와 같음	●재질변경(주로 강도 up)
	●과수강도부족	●에칫터 내려부의 응력집중에 의한 파단 한쪽꺽기 베어링의 오우버행부의 발열파단	●사이즈 up을 한다, 부가인때는 재질변경에 의한 강도 up을 함 ●너무 형상의 개선, 구조의 개선 사이즈 up
	●형상구조불량		
기타	●자연열화	●기어맞춤부의 마모, 흠, 변형, 굽음, 녹, 등 이 발생함	●이것들은 정기검사에 의해 발견, 발견 때는 가벼게 마무로 타격흠으로 있음, 필요에 따라 조임파점파상기 타, 비파괴검사를 함 이상이 있는것은 수리 또는 교체함

그 점 금속파단면의 연구(주)는 보전기술에 있어서 대단히 중요하다.

(3) 장기간(5～10년이상)사용해서 분해, 조립을 거듭해가면 끼워맞춤부는 마모돼서 녹, 타혼(打痕), 변형, 구부러짐, 균열등이 일어난다. 그러므로 분해했을때는, 외관검사, 치수측정, 필요에 따라서는 적당한 비파괴시험을 해서 바꿀시기에 대해서 검토해야 한다.

1 축의 고장방지에 대해

이와 같이 축의 열화(劣化)나 고장은 모든 경우 기어나 푸울리, 스프로켓과의 끼워맞춤부에 일어난다.

또 그 원인은 끼워맞춤의 강도가 적당치 못했던가 분해, 조립방법이 부적당 했던가 혹은 점검정비를 게을리 했기 때문에 열화가 진행되거나 했던 것이다.

나의 경험으로는 새로운 기계가 운전을 시작한 다음 500～1000 시간에서 끼워맞춤부에 풀림이 생겼을 때 메이커로부터 부품도(部品図)를 가지고와 끼워맞춤 공차(公差)를 조사해 보니 기계구조상으로 봐도 조립불가능한 공차가 지시돼 있고 현물을 본다면 그 공차로는 조립할 수 없으므로 축경(軸徑)이나 공경(孔徑)에 손가공한 흔적이 남아 있거나 혹은 공차가 적당하더라도 부품이 그대로 가공돼 있지 않다고 하는 케이스가 있었다.

이것은 설계자가 조립현장의 실정을 모르거나 기계가공에서 조립공정 사이에 중요개소를 검사하는 시스템이 없어서 마무리 조립공정에서의 기술관리체제가 약하기 때문에 기인하는 것이지만 일품요리적인 산업기계나 하청업체에 조립을 줄때의 숙명적인 것으로 본다.

이와 같이 30년 이상이나 보수, 보전의 일을 하고 있는 유저의 눈으로 보면 새로 납품된 기계는 설계미스, 제작미스가 많으므로 보전을 확실히 해야 한다고 본다.

그러기 위해서도 기계를 정확히 운전하고 일상의 점검정비를 한다는 것은 물론 유저 자신이 정확한 분해와 조립기술을 확립해두는 것이 필요불가

결하다고 본다. 이것은 앞서 기술한 키이나 코터, 핀등의 사용기술에도 대단히 깊은 관련이 있다는 것은 말할필요도 없다.

1 - 1 정확한 끼워맞춤 공차(公差)의 설정

축이 불량해졌을 경우 혹은 그것이 끼워맞춤의 부적 당함에 따라 일어났을 때는 새로이 정확한 끼워맞춤의 강도, 끼워맞춤 공차를 설정해서 고치지 않으면 다시금 같은 고장을 일으킬 염려가 있다.

이 끼워맞춤의 강도에는 여러가지 단계가 있어서 축경이나 공경의 치수차가 결정돼 있더라도 끼워맞춤만을 생각한다면 자유로이 선택된다.

끼워맞춤이나 키이 맞춤은 강하게하면 할수록 이 부분에서의 신뢰성은 높아지지만 이들의 작업은 복잡한 기계구조의 조립과정으로 하므로 무턱대고 강하게 한다는것은 조립을 곤란하게 해서 오히려 조립정도를 떨어뜨리거나 분해불능이 되거나 한다.

보통 기계의 부하토오크나 하중은 계산할 수 있드라도 거기에 적응하는 끼워맞춤의 기준을 유도해 내는 공식과 같은 것은 그다지 볼 수없다.

일단 개념적으로 부하와 끼워맞춤의 관계를 선택했다고 하더라도 축경(軸径)이나 공경(孔径)의 공작정도에 따라 꽤 넓은 범위로 층하가진다.

이와 같이 끼워맞춤 공차를 선택하는데 있어서는 여러가지 문제가 많고 현재로서는 유저의 보전 기술자가 도면치수, 현물치수, 끼워맞춤부의 상태, 분해조립의 상태등에 대해 하나하나 자기 눈으로 확인해서 그 기계에 맞는 최적인 것을 찾아내서 그것을 엄중히 관리실행하는 외에 방법이 없다.

1 - 2 강한 끼워맞춤에서의 조립, 분해

전 항에서는 최적한 끼워맞춤은 자신이 찾아내라고 했으나 이것으로서 끝치면 아무것도 안된다.

그러면 실제로 현장에서 조립할 경우에는 어떻게 하면 되는지 알아 보기로 한다.

끼워맞춤이나 키이 맞춤은 강하게 하면 신뢰성이 높다고 했다.

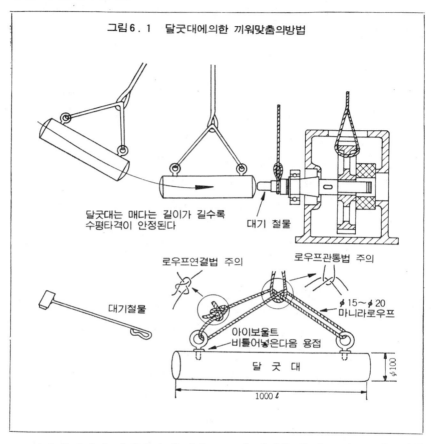

그림 6. 1 달굿대에의한 끼워맞춤의방법

달굿대는 매다는 길이가 길수록
수평타격이 안정된다

대기 철물

로우프연결법 주의

로우프관통법 주의

대기철물

φ15～φ20
마니라로우프

아이보울트
비틀어넣은다음 용접

달 굿 대

φ100

1000ℓ

 그러나 무리하게 끼워맞춰 축이나 보스에 상처를 주면 오히려 역효과를 일으킨다.

 그러므로 끼워맞춤의 강도는 "축과 그 상대에 상처를 주지 않고 어느정도의 힘으로 조립하고 분해할 수 있는가"에 따라 정해질 것이라고 할 수있다.

 키이 맞춤의 항에서 기어의 조립을 예로하여 그림6.1과 같은 그림을 써서 화살표방향으로 힘을 가하라고 했다. 그러나 그 때에는 상세한 방법에 대해서는 쓰지 않았다.

표6 . 2 강의 허용응력 (kg/mm²)

응력, 하중의 종류		S 25 C	S 50 C
인 장	I	9.0~15.0	12.0~18.0
	II	6.0~10.0	8.0~10.0
	III	3.0~ 5.0	4.0~ 6.0
압 축	I	9.0~15.0	12.0~18.0
	II	6.0~10.0	8.0~12.0

(주) 하중의 종류의 I 은 정하중, II 는 동하중,
III 은 반복식은 진동하중이다.

실은 여기서 기술하고 있는 끼워맞춤강도와 관련해서 큰 힘을 가하는 방법을 설명하고자 했기 때문이다.

축은 그 중심선상에 힘을 줄 경우 대단히 큰 힘을 줄 수 있다고 본다.

기계공학편람에서 발췌해서 강(鋼)의 인장(引張), 압축의 허용응력을 표 6.2에 나타냈다. 이것으로 계산하면 50mmφ의 연강축(軟鋼軸)은 정(靜) 부하일 경우 약 20t의 힘으로 밀거나 당겨도 된다.

그러나 보전현장에서 그림 6.1의 기어 감속기 상자를 프레스에 걸 사람은 없을 것이다. 구조나 형상으로 봐서 유압재크도 쓸 수 없을 것이다.

이 경우에는 축경50φ 정도까지 일때는 축단(軸端)을 손상시키지 않게 보호해서 대형해머로 타격을 가하면 될 것이다.

그 이상의 대형의 경우는 적어도 그림6.1과 같은「달굿대」를 만들어 두고 대기절구(鉄具)를 대고 때려 넣는 방법을 취한다. 분해일 경우는 반대방향에서 하면 된다.

이와 같이 대형이 되면 그에 해당하는 준비, 절차가 필요하며 능숙한 절차

가 일의 성패를 정한다.

또 하나 강한 끼워맞춤의 조립, 분해의 방법을 소개한다.

이것은 축단에 자주 쓰이는 방법이며 압축기의 로울네크베어링의 조립등의 방법을 커플링, 푸울리, 기어등의 조립에 이용한 것이다. 이 방법은 끼워맞춤부가 테이퍼로 돼 있는 곳에 쓰이는 것이 특징이다.

압연로울에서는 그림6.2(a)와 같이 조립시에는 전용의 유압너트로 밀어넣고 분해할 때는 축의 중심부의 구멍에 유압펌프를 접속하여 끼워맞춤 부에

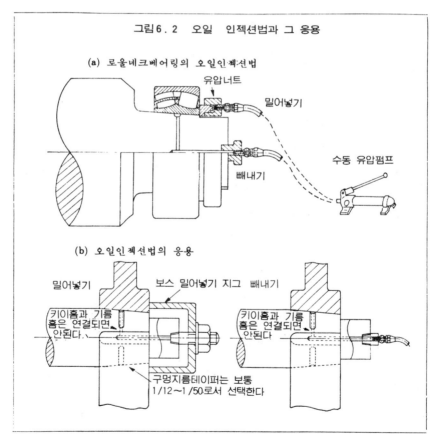

그림6. 2   오일   인젝션법과 그 응용

(a) 로울네크베어링의 오일인젝션법

유압너트

밀어넣기

수동 유압펌프

빼내기

(b) 오일인젝션법의 응용

밀어넣기   보스 밀어넣기 지그   빼내기

키이홈과 기름홈은 연결되면 안된다.

키이홈과 기름홈은 연결되면 안된다

구멍지름테이퍼는 보통 1/12~1/50로서 선택한다

로 높은 유압을 걸어 그 반작용에 의해 베어링의 내륜(內輪)을 빼낸다. 이 방법은 오일인젝숀이라고 하는 것이다.

이 원리를 응용하면 밀어넣기에는 보스를 균등하게 때려 끼워도 되고 그림6 2(a)와 같은 지그를 만들면 나사를 이용할 수도 있다. 빼내기는 압연로울의 경우와 마찬가지로 유압펌프를 쓰면 간단히 분해할 수 있을것이다

그러나 이 경우 고정에는 키이를 쓰므로 그림6.2(b)와 같이 기름홈은 키이홈과 완전히 분리해두지 않으면 끼워맞춤면에 유압이 걸리지 않는다. 그러므로 기름 홈의 가공은 보올앤드밀을 써서 밀링 머시인으로 가공하는 등 연구가 필요하다.

② 축과 보스의 수리법

2 - 1 끼워맞춤부 보스의 수리법

보스내경(內徑)이 마모된 경우 공경(孔徑)을 크게 해도 될 때는 선반으로 부동마모(不同摩耗)돼 있는 부분을 최소한도로 깎아서 다듬질하면 된다. 이때는 키이 홈의 마모도 깎아서 고친다.

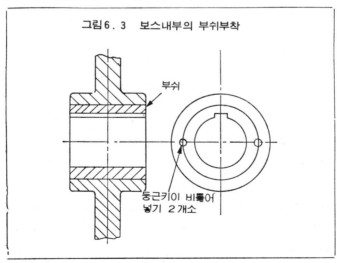

그림6. 3   보스내부의 부쉬부착

부쉬

둥근키이 비틀어
넣기 2개소

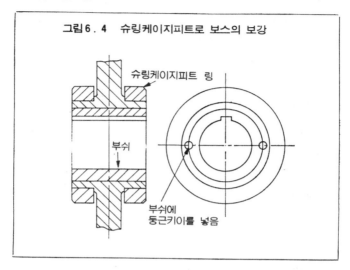

그림6.4 슈링케이지피트로 보스의 보강

슈링케이지피트 링

부쉬

부쉬에
둥근키이를 넣음

한편 원래의 공경 이상으로 할 수 없을 경우는 그림6.3과 같이 보스내경을 상당량 깎아내고 부쉬를 넣게끔 한다.

이 경우 보스의 강도가 허락하는 한 강한 끼워맞춤으로서 때려넣고, 프레스 압입(圧入)또는 보스를 약 300°정도로 가열해서 부쉬를 슈링케이지피트로 한다. 내경 마무리는 압입후 중심내기 마무리를 해둔다.

또 보스의 외경(外径)이 작아서 부쉬 압입후의 강도부족이 염려될 때는 그림6.4와 같이 보스 외경부에 링을 슈링케이지피트로 해서 보강하면 될 것이다.

2 - 2 축 끼워맞춤부의 수리법

축 마모부의 수리는 보스 내경과의 관계에 있어서 그 수리방법을 결정해야 한다.

또 그때는 수리후의 강도, 신뢰성, 비용과 시간등도 당연히 관련이 되므로 이것들도 하나하나 음미해서 제일좋은 방법을 조합해서 해야 할 것이다.

표6.3에 축의 끼워맞춤부 마모의 수리법과 그것들의 장점, 단점, 보스의

표6. 3 축의 끼워맞춤부 마모수리법 일람

축의 수리방법	단점	장점	보스의 수리방법과의 조합
1. 신작 교체	비용과 시간이 걸림	현재대로 수리됨	내경을 약간 절삭해서 쓰기만해도 됨
2. 마모부의 살더하기용접	용접열때문에 굽어질 염려 있고 축중앙부는 불량함	신작교체보다 비용, 시간이 적게든다.	상기와 같음
3. 마모부를 절삭 맞춰 용접	용접개소가 좋지 않으면 신뢰성 낮다.	상기와 같음	상기와 같음
4. 마모부를 절삭버리고 비틀어 넣어 용접	용접 완성여분↑	축의 일부가 가이드로 폐 있을 경우 적당하다.	상기와 같음
5. 마모부를 금속용사	용사열때문에 굽어진 경우가 있으나 절단하여 문제없다. 강도적으로도 좋고, 자사에서 시공이 되면 비용 시간이 경제적, 전문메이커를 잘 이용할 것	판단하여 문제없음	상기와 같음
6. 마모부에 경질 크롬도금해서 연삭 마무리	마모량이 한쪽면0.05mm이하정도일때 도금, 연삭비용과 시간이 크롬도금메이커에 한함. 기계맞춤이 아니고 베어링과의 기계맞춤마모일때 새로운 베어링에 맞춘다.	상기와 같음	보스와의
7. 마모부를 다시 깎기	축지름이 작아져도 쓸수있을때만 적용됨	축의 수리는 간단하지만 보스수리와 종합해봄	보스에는 부시를 넣음. 가늘어진 축지름에 맞춘다.
8. 마모부에 로우렛 수리한다.	응급적인 일시변통에 불과하지만 긴급때로 회복시켜 운전하고 수일~10일간 정도로 축을 신작해서 교체할때까지 좋은 변통이 된다.		보스는 수리않고 쓴다. 베어링의 경우는 새로운 것을 쓴다.

수리와의 균형등에 대해 정리했다.

2 - 3 축의 구부러짐의 수리

축에 구부러짐이 있으면 여러가지 트러블의 원인이 된다.

특히 기어에 흔들림이 일어난다면 진동, 소음, 이의 이상마모의 원인이 되므로 기어의 정도(精度), 하중, 회전수에도 따르지만 일반산업기계의 기어에서는 0.05㎜이상의 흔들림은 좋지 않다.

또 커플링, 푸울리, 스프로켓등에서도 흔들림은 될 수 있는 한 적게해서 진동, 베어링의 발열등을 방지해야 한다.

단지 흔들림은 반드시 축의 구부러짐만이 원인이라고는 볼 수 없다. 예컨대 기어의 가공정도 베어링이나 끼워맞춤의 양부등도 관계되므로 흔들림이 일어나고 있을때는 이들도 합쳐 체크한다.

그러면 축의 구부러짐에 대해서 보통 구부러졌을때 그 수리를 보전현장에서 할 수 있느냐 없느냐의 가늠은 경험으로 봐서 대략 아래의 것이 된다.

① 500rev/min이하의 비교적 베어링간격이 긴 축이 휘어져 있을때

② 경하중(軽荷重)기계에서 축 흔들림 때문에 진동이나 베어링의 발열이 있을 경우

③ 베어링 중간부의 푸울리, 스프로켓이 흔들려 소리를 낼 때

이와같은 경우에는 보전현장에서 수리할 수 있으므로 빨리하지 않으면 안된다.

그러나 고속회전축, 기어감속기축이나 단(段)달림부에서 급하게 휘어져 있는 것의 수리는 무리이므로 새로운 것과 바꾸는 것이 무난하다.

또 100 ∅ × 1 m의 축의 구부러짐을 고치기는 힘들지만 길이가 2 m가 되면 저속회전으로 쓰는 것은 지장이 없는 정도로 고칠 수 있다. 그러면 다음에 구부러짐의 수리방법에 대해 기술한다.

우선 그림6.5(a)와 같이 바닥면에 V블록을 2개 놓고 그 위에 축을 올려 놓고 손으로 돌리면서 토오스칸으로 그 정도를 확인한다.

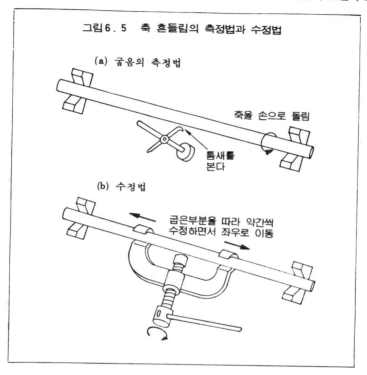

그림6.5 축 흔들림의 측정법과 수정법

(a) 굽음의 측정법

축을 손으로 돌림

틈새를 본다

(b) 수정법

굽은부분을 따라 약간씩 수정하면서 좌우로 이동

이어서 흔들림이 제일 심한곳에 그림6.5(b)와 같이 짐크로를 대고 약간씩 힘을 가하면서 구부러짐을 수정한다.

이 방법으로 신중히하면 0.1~0.2mm정도까지 수정할 수 있다.

본래 이 방법은 철도레일을 굽히기 위한 방법이라고 하며 제철소에서 지금막 만들어진 레일을 현장에 운반하여 커어브의 부분에서 굽히거나, 구부러진 것을 수정할 때 이 방법이나 혹은 유압방식이 쓰인다.

따라서 이 도구는 옛부터 레일벤더라고 불리우고 있으나 축이나 파이프의 수리용에는 손톱모양의 부분의 형상을 약간 변형시킨 것이 시판되고 있다.

③ 그밖의 주의사항

보전현장에서는 축을 바꾸기위해 대품(代品)제작의 수배를 할 때도 많다고 본다.

그러므로 여기서는 제작상의 주의사항이나 지금까지 언급하지 않은 문제를 정리해 보기로 한다.

(1) 대품제작시 불량품을 견본으로 해서 현물에 맞춰 제작하는 것을 자주 보지만 반드시 도면을 보면서 한다.

(2) 특히 단(段)달림부, 너치부의 R은 될 수 있는 한 크게 해서 선반 작업자에 그 R에 적합한 R바이트로 신중히 마무리하도록 지정한다. 검(劍)바이트나 편(片)바이트로 적당히 R을 깎아내지 않게끔 주의를 준다.

(3) 바이트 날끝의 노오즈를 직선으로 떨구거나 작은 R의 노오즈로 급속 이송으로 깎으면 결함의 원인이 된다. 마무리깎이에는 노오즈R이 큰 바이트로 최소이송(移送)을 지정하게끔 한다.

(4) 교체용 부품으로서 보관 할 때는 특히 끼워맞춤부는 다듬질여분을 남겨두고 사용할때 현물맞추기를 할 수 있게 하는편이 무난하다. 기어, 푸울리나 커플링등의 끼워맞춤에는 대다수의 경우 현물맞추기의 필요가 생긴다.

(5) 방청(防錆)처치, 타박상을 방지하기 위한 포장, 고정구가 달린 반목(盤木)위에 놓으며, 장척(長尺)축은 구부러지는 것을 방지하기 위한 반목의 간격도 주의한다.

(6) 규칙에는 기계에 의한 위험방지의 일반기준을 정하고 있다. 그에 따르면

　　1. 사업자는 기계의 원동력, 회전축, 기어, 푸울리, 벨트등의 노동자에 위험을 미칠 염려가 있는 부분에는 덮개, 둘러싸기, 슬리이브, 넘어가는 다리를 설치해야 한다.

2. 사업자는 회전축, 기어, 푸울리, 플라이휠등에 부속된 고정구에 대해서는 매두(埋頭)형의 것을 쓰며 또 덮개를 설치하지 않으면 안된다.

3. 사업자는 벨트의 이음줄에 돌출된 고정구를 사용해서는 안된다.

4. 사업자는 넘어가는 다리에는 높이 90 cm 이상의 손잡이를 설치해야 한다.

5. 노동자는 건너가는 다리의 설비가 있을때는 건너가는 다리를 이용하지 않으면 안된다.

등이 있다.

일반적으로 법령의 최저의 기준을 나타내는 것이며 각각 회사의 실정중에서 검토해서 충분히 안전한 대책을 세울 필요가 있고, 보전부문은 이와 같은 면에도 세심한 주의를 하여 설비안전의 중심적인 역활을 다해야 한다.

7 축이음의 사용방법과 중심내기의 테크닉

회전축에는 강도, 구조, 기능등에 따라 여러가지의 이음(커플링)이 쓰인다.

종류가 많기 때문에 개개의 것의 특징을 잘 파악하고 정확한 사용방법을 하는 것이 제일 좋지만 그와 함께 보수보전상 분해, 조립등의 작업을 할 경우 중요한 포인트가 되는 것은 이음의 축심(軸心)을 일치시키는 것이다. 이 맞춤방법으로 축이나 이음의 수명은 크게 좌우된다.

이 항에서는 보전에 기초가 되는 여러가지 축이음의 특징이나 사용방법 및 이음의 중심내기의 방법에 대해 기술한다.

표7-1 커플링의 분류

분 류	명 칭	재 질	특 징
침 형 (리지트커플링)	통형 커플링 플랜지커플링	주 철 주 철	구조간단하며 취급용이 동 상
휨 형 (플렉시블커플링)	플랜지커플링	주철 고무 또는 가죽 슬리브사용	휨량은 많이 취할수 없으나 기동충격이 흡수됨
	체인커플링	강 제 극히 소형 은 나일론 체인 사용	휨량 어느정도 취함. 종류 사이즈도 많음
	기어커플링	강 제	휨량큼, 고가 보수힘드나 대용량전동에 좋다.
	CG커플링	강제플랜지 와 고무커 플링	휨량, 충격흡수성큼, 취급 쉽고 비교적 안가
	SF커플링	강 제	휨량큼, 충격흡수성 있음, 취급쉽고 비교적 고가
	플렉스커플링	아연다이카 스트고무 완충재	구조간단, 취급쉽고 안가, 극히 소형회전기용

그림 7.1 대표적 커플링의 구조

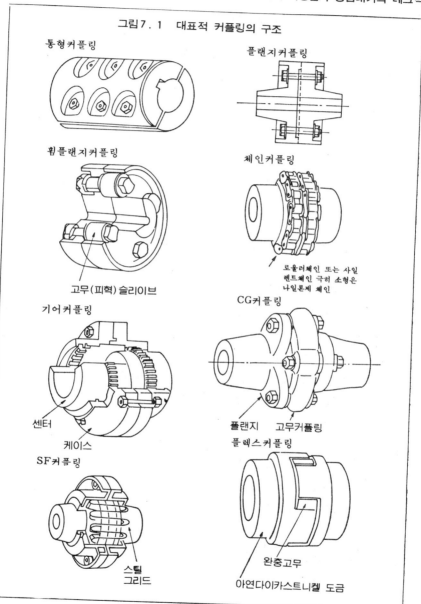

통형커플링

플랜지커플링

휨플랜지커플링

체인커플링

로울러체인 또는 사일
렌트체인 극히 소형은
나일론제 체인

고무(피혁) 슬리이브

기어커플링

CG커플링

센터

케이스

플랜지   고무커플링

SF커플링

플렉스커플링

스틸
그리드

완충고무

아연다이카스트니켈 도금

① 이음의 사용은 특징을 잘 알것

축이음은 보통 쥠형(리지트타이프)과 휨형(플렉시블타이프)으로 대별한다.

재질은 강, 주철은 물론이고 고무, 플라스틱, 피혁등 종류도 많고 개개에 특징이 있다.

이들을 분류해 보면 표7.1과 같다. 또 각 종류중 대표적인 것의 구조를 그림7.1에 나타낸다.

또한 그 밖에 클러치나 유체(流体) 이음에 대해서는 별도의 항에서 취급하기로 한다.

② 이음에서 중요한 중심내기의 기본

2 - 1 리지트커플링의 중심내기

리지트커플링의 경우 축심의 어긋남은 될 수 있는 대로 최소로 해야한다.

플랜지에서 중심내기를 할경우는 물론 외경은 동일치수이므로 그림7.2 (a)와 같이 스트레이트에지를 대고 들여다 본다. 여기서 빛이 통하지 않는가 어떤가를 A, B, C, D의 4점에서 확인한다. 또 a,b의 틈새의 오차도 A : C, B : D에서 최대0.05mm이내로 억제해야 한다.

샤프트에서 중심내기를 할 경우에도 그림7.2(b)와 같이 스트레이트 에

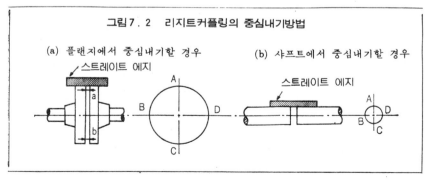

그림7. 2 리지트커플링의 중심내기방법

(a) 플랜지에서 중심내기할 경우   (b) 샤프트에서 중심내기할 경우

스트레이트 에지

스트레이트 에지

지를 대고 전장(全長)에 걸쳐 빛이 통하지 않을 정도로 조절한다.

또한 어느경우도 커플링의 위치가 베어링부 보다 길게 나와 있고 비교적 가는 샤프트에서는 자중(自重)으로 아래로 늘어지는 것도 생각해야 한다.

2 - 2 플렉시블커플링의 중심내기

플렉시블커플링의 경우 축심의 어긋남은 그림7.3의 A. B. C의 3종류를 생각할 수 있다.

커플링의 종류, 사이즈에 따라 허용되는 오차(미스어라이먼트)에도 차가 있으나 경험적으로 말하자면 커플링의 최종조립을 쉽게 할 수 있고 즉케이스, 보울트, 슬리이브등을 무리없이 조립할 수 있는 정도로 돼 있는 것이 필수조건이다.

필요이상으로 두드리거나 강한 힘으로 끌어 올리지 않으면 조립할 수 없을 경우에는 중심내기가 불충분하다.

플렉시블이라고 해도 정확한 중심내기가 돼 있을수록 수명은 길어지므

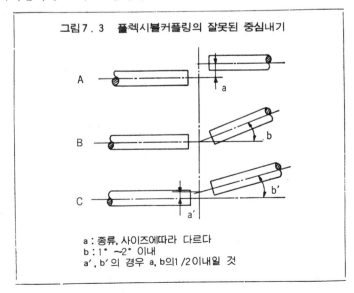

그림7.3 플렉시블커플링의 잘못된 중심내기

a : 종류, 사이즈에따라 다르다
b : 1°∼2°이내
a′, b′의 경우 a, b의1/2이내일 것

로 조정의 난익, 소요시간을 생각해서 최적의 점을 찾아내야 한다.

플렉시블이란 사용중 베어링의 마모나 그밖의 이유로 중심이 이상이 생
겨도 큰 트러블이 생기지 않는다고 해석해도 된다.

2 - 3 플랜지 사이의 넓은 것의 중심내기

체인식, 기어식, SF식등과 같이 플랜지부분이 근접 돼 있는 것은 앞
에서도 기술한 그림7.2와 같이 해서 중심내기를 한다.

그러나 CG커플링과 같이 고무커플링을 떼내면 플랜지의 간격이　넓은
것은 그림7.4(a)와 같이 한쪽 축에 다이얼스탠드를 부착하고, 상대측의 축
의 편심(偏心)을 A, B, C, D의 4개소를 조사하며 a, b도 노니우스 또는
구멍파스로 측정해서 중심맞추기를 한다.

이 경우 다이얼게이지의 읽기가 0.15~0.20mm까지의 편심이면 허락할수

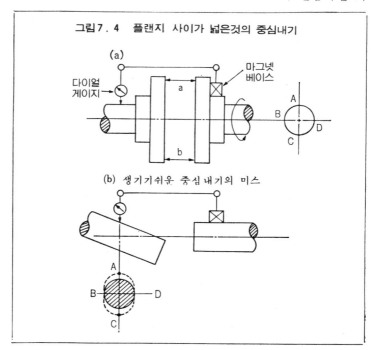

그림7. 4　플랜지 사이가 넓은것의 중심내기

(a)

다이얼
게이지

마그넷
베이스

a

b

(b) 생기기쉬운 중심내기의 미스

있다.

이 그림의 관계로 보면 실제로는 다이얼게이지의 지시수치(指示数値) 의 1/2로 어긋남이 축소 돼 있다.

단지 그림7.4(b)와 같이 다이얼게이지에서 A, B, C, D가 타원궤도(惰円軌道) 를 나타내고 있지 않는가를 충분히 확인해야 한다. 그러므로 a, b 사이의 측정은 중요한 의의를 갖고 있다.

8 베어링 조립의 요점

산업기계의 고장을 부위별로 통계, 분석해 보면 베어링부분의 고장이약 30%를 차지하고 있다.

우리나라에서는 베어링이 만들어지게끔 된 이래 수십년이나 되지만 지금은 그 정도(精度), 성능은 세계적인 수준에 있다고 하며 공작기계, 산업기계의 진보, 발달에 크게 이바지하고 있다.

그러나 이와 같이 높은 고장의 비율을 차지하고 있는 것은 알 수 없는 일이다.

내가 경험한 바로는 고장의 주요한 원인은 크게 나눠 다음의 세 가지로 볼 수 있다.

① 설계상 베어링의 선택이 틀렸다.

② 베어링의 조립, 보전불량.

③ 베어링의 윤활(潤滑) 불량.

베어링은 형상, 기능으로 대단히 많은 종류가 있고 보전맨으로서 언제나 최적한 것을 선택하는 능력은 물론 그것을 정확하게 조립하는 기술을 몸에 베게 해야 한다.

1 베어링의 적절한 선택을 위해

베어링은 보올 앤드 로울러 베어링과 슬라이딩 베어링으로 대별 되지만 지금은 내연기관의 크랭크 축이나 특수한 대형모우터, 터어빈, 블로워, 기타 특수한 것을 제외하고 일반적으로 베어링이라고 하면 보올 앤드 로울러 베어링 즉 베어링을 말하고 있다고 해도 좋을 정도로 돼 있다고 본다.

고대 이집트의 피라밋 건설에 로울러를 썼다고 하는점에서도 알 수 있듯이 로울러 마찰이 미끄럼 마찰의 수분의 일 이하라고 하는 것이 그 큰

그림8. 1   일반용 베어링의 분류

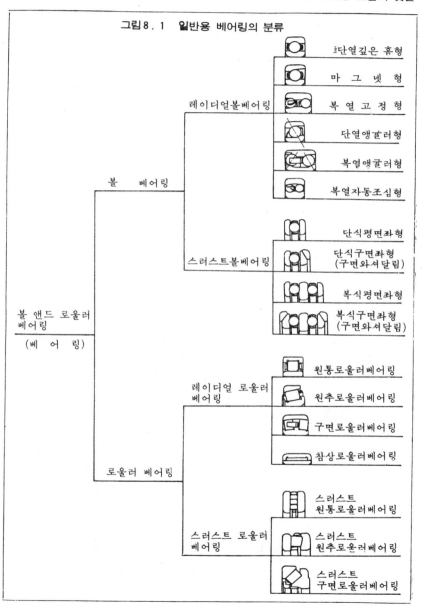

```
볼 앤드 로울러
베어링
(베 어 링)
├─ 볼  베어링
│   ├─ 레이디얼볼베어링
│   │   ├─ 單단열깊은 흠형
│   │   ├─ 마 그 넷 형
│   │   ├─ 복 열 고 정 형
│   │   ├─ 단열앵귤러형
│   │   ├─ 복열앵귤러형
│   │   └─ 복열자동조심형
│   └─ 스러스트볼베어링
│       ├─ 단식평면좌형
│       ├─ 단식구면좌형
│       │   (구면와셔달림)
│       ├─ 복식평면좌형
│       └─ 복식구면좌형
│           (구면와셔달림)
└─ 로울러 베어링
    ├─ 레이디얼 로울러
    │   베어링
    │   ├─ 원통로울러베어링
    │   ├─ 원추로울러베어링
    │   ├─ 구면로울러베어링
    │   └─ 참상로울러베어링
    └─ 스러스트 로울러
        베어링
        ├─ 스러스트
        │  원통로울러베어링
        ├─ 스러스트
        │  원추로울러베어링
        └─ 스러스트
           구면로울러베어링
```

이유일 것이다.

그 베어링은 종류도 다종다양하여 시계에 조립되는 대단히 작은 것으로부터 큰 것은 직경 3 m의 것까지 만들어지며 일반용의 것이라도 그림 8.1과 같이 대단히 많은 것이 있다.

② 베어링 조립의 세가지 기본구조

베어링은 회전축을 지지하는 것이므로 1개의 축에 2개소 또는 그 이상 부착하는 것이 보통이다.

그 부착방법은 베어링의 종류, 베어링 상자(하우징)의 형상, 부하의 대소등의 조건이 달라도 거의 그림8.2에 있는것 같은 세가지의 기본형 으로 대표된다고 해도 좋을 것이다

그 하나는 그림8.2(a)와 같이 A부의 베어링은 좌우로 이동하지 못하

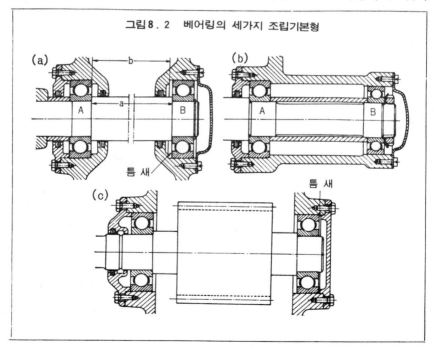

그림8 . 2   베어링의 세가지 조립기본형

게끔 외륜(外輪)이 고정 돼 있다. 또 B부는 하우징 내에 좌우로 이동할 수 있게끔 틈이 있다.

이것은 그림과 같이 축의 a치수와 하우징의 B치수를 꼭 같은 치수로 제작하기는 불가능하기 때문이다.

또 예컨대 같은 치수로 제작할 수 있어서 A, B 양쪽이 꼭 고정된 상태라면 열 영향 때문에 축이나 하우징에 팽창, 수축이 일어났을 경우 베어링은 무리한 축 방향의 힘을 받아 발열, 소손(燒損), 파손의 원인이 될수도 있다.

그림8.2(b)도 이것과 같은 방법이며 B부는 아주 후리이로 돼 있다.

최후로 축이 좌우로 다소 이동해도 지장이 없을 경우에는 (c)와 같은 형태를 취해 양쪽의 틈의 부분을 이동할 수 있게끔 한다.

③ 베어링 조립의 요점

기계의 특성이나 부하조건에 따라 적절한 베어링과 하우징형식, 정도(精度)나 윤활방법을 선택하는 것은 설계자의 책임이다.

그러나 그 설계조건에 따라 정확한 조립을 하고 유지보전을 해서 윤활을 하는 것은 조립, 수리, 보전이라고 하는 소위 현업부문의 책임이다.

또 조립시나 운전중에 설계조건의 잘못을 발견했을 경우 적극적으로 개선한다면 기계의 성능이나 수명은 한층 더 향상될 것이다.

그러므로 여기서는 보전맨 뿐만 아니라 조립분야의 기술자도 확실히 몸에 배야한다. 베어링 조립의 실용지식과 요점을 종합해 보기로 한다.

3 - 1 베어링의 끼워맞춤

축이나 하우징에 베어링을 부착할 때 단단히 넣느냐 헐겁게 넣느냐는 사용조건에 따라 달라지지만 이것을 끼워맞춤이라고 한다.

일반적으로 내륜(內輪)과 축은 단단한 끼워맞춤을 또 외륜(外輪)과 하우징은 헐거운 끼워맞춤이 사용된다.

즉 그림8.3의 D와 b의 관계이지만 이 치수차는 규격, 베어링 메이커의

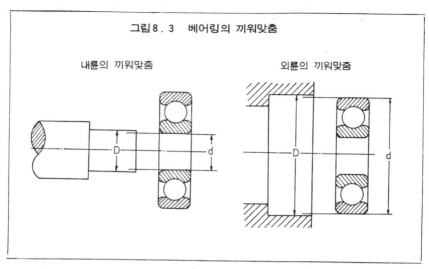

그림 8 . 3   베어링의 끼워맞춤

내륜의 끼워맞춤   외륜의 끼워맞춤

추장치(推奬値), 경험치 등으로 설계자가 정한다.

현장부문에서는 조립전에 도면을 보면서 현물을 측정해서 끼워맞춤을 확인해 두어야 한다.

3 - 2 끼워맞춤치수의 체크방법

전항에서 기술한 현장에서의 끼워맞춤의 확인은 그림8.4와 같이 A, B 방향에서 1 , 2 , 3의 개소를 측정해서 도면의 치수공차내에 있음을 체크한다. 마찬가지로 베어링의 외륜에 접한 하우징의 부분도 이 방법으로

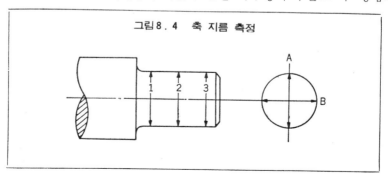

그림 8 . 4   축 지름 측정

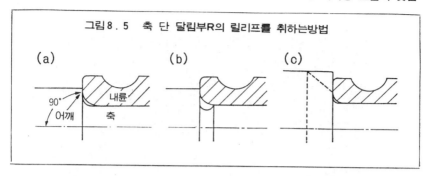

그림8.5 축 단 달림부R의 릴리프를 취하는방법

(a)   (b)   (c)

90°
어깨   내륜
축

체크해 두어야 한다.

또 내륜과 축의 조립에서의 중요한 점은 축 단(段) 달림부의 릴리프를 취하는 방법이다. 그림8.5를 보기 바란다. 내륜의 내경 각(角) 모서리부는 그림과 같이 R면따기가 돼 있으나 이에 대응한 축의 단달림부 R은 (a)(b)와 같이 충분히 도피시켜 두지 않으면 안된다.

또 어깨의 부분은 직각으로 마무리 해서 내륜의 측면과 꼭 일치되게 하지만 그림8.5 (c)와 같이 어깨가 내륜보다 높을 경우에는 빼내기 지그 를 결수 없으므로 쇄선(鎖線)과 같이 수개소를 깎아두면 편리하다.

3 - 3 베어링의 장착방법

(1)슈링케이지 피트에 의한 방법

가열유조(加熱油槽)에서 베어링을 가열팽창시켜 축에 끼우는 방법이 있다. 기계수리장이나 보전현장에서는 사진8.1과 같은 전열식 자동온도 조절이 가능한 가열유조를 두어야 한다. 이것에 의해 베어링, 커플링, 기어 등의 슈링케이지 피트를 간단히 할 수 있다.

응급적으로는 18ℓ관(罐)에 넣고 히이터를 넣어 쓸수도 있다. 베어링은 거의 100℃로 가열하면 충분하다. 130℃이상이나 가열하면 베어링 그 자체의 경도저하(硬度低下)의 염려가 있다.

내가 실측한 바로는 내경100ø의 단열(單列) 깊은 홈형이고 100℃의 기름 속에 5분간 넣었다가 꺼냈더니 100.10ø으로 팽창 돼 있었으나 이것

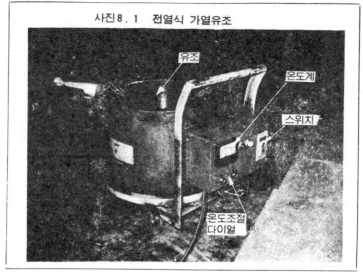

사진8. 1 전열식 가열유조

유조

온도계

스위치

온도조절
다이얼

으로(100 $^{+0.013}_{+0.028}$)의 축경에도 간단히 부착할 수 있다.

(2) 프레스 압입(圧入)이나 해머에 의한 때려 넣기

베어링 메이커에서는 프레스 압입이나 해머에 의한 때려 넣기는 그림 8.6의 (a)(b)(c)와 같은 방법을 권하고 있고 특히 (d)와 같은 핀 펀치로 때려 넣는 방법은 써서는 안된다고 한다.

베어링 부착작업을 전문으로 하는 직장에서는 각종 사이즈, 형상의 지그를 준비해 둘수도 있으나 보전현장에서는 그렇게 하기가 힘들다.

그러므로 나는 그림8.6(e)와 같은 대기 철의 사용을 권하고 있다.

연강으로, 그림에 기입한것 같은 치수로 대소 3종류 정도 만들어 두면 내경30φ~150φ의 일반적인 베어링은 내외륜 모두 쓸 수 있다.

이 대기 철은 축과 평행으로 대고 1개소만을 두드리지 말고 원주(円周)를 번갈아 두드리면서 베어링의 기울기, 두드렸을때의 느낌을 확인하고 또 선단을 미끄러지지 않게끔 주의해서 쓴다.

이와 같은 것을 보통때 준비해두면 급할때 편리하다.

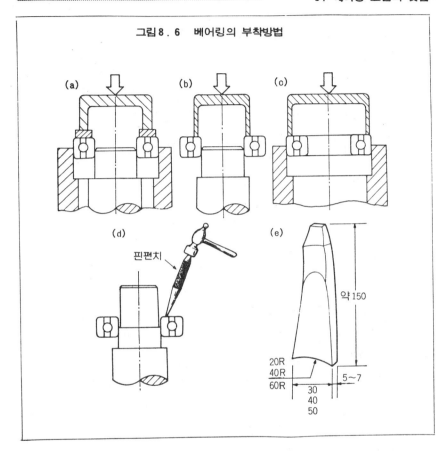

그림8.6 베어링의 부착방법

3 - 4 부착후의 조정방법

베어링을 축에 정확히 부착해도 이것으로 일이 끝났다고는 할 수 없다. 또한 이것을 하우징에 정확히 부착할 필요가 있다.

(1) 2분할로 된 하우징에 부착하는 방법

그림8.7과 같이 베어링 중심부에서 2분할이 된 기어 감속기등의 하우징에서는 미리 축에 기어, 베어링, 커플링을 부착해두고 하우징에 조립할수 있다.

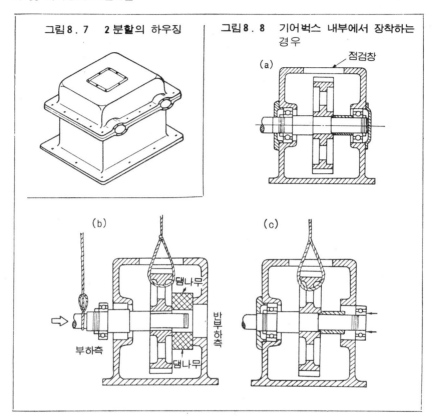

그림8 . 7   2분할의 하우징

그림8 . 8   기어벅스 내부에서 장착하는 경우

(a) 점검창

(b) 댐나무 / 부하측 / 반부하측 / 댐나무

(c)

　그러나 그 경우에도 앞에서 기술한 베어링 조립의 기본형 1 ~ 3 의 어딘가에 속하므로 축 방향의 여유를 반드시 확인해둔다.

　그리고 위뚜껑을 부착하고 임시죄기를 하고 또한 고정측의 베어링 커버를 부착하면서 전체의 조립 보울트를 쉰다.

　틈새측의 베어링 커버는 최후에 죄게끔 한다.

(2) 하우징에 축을 넣은 다음 베어링을 부착할 경우

　중소형 전동기의 베어링이나 그림8.8(a)와 같은 기어 벅스의 경우 하우징에 축을 넣은 다음 베어링을 부착하게 된다.

　이 경우의 부착방법을 생각해보면

① 부하측 베어링은 미리 축에 조립해둔다.

② 기어는 그림8.8(b)와 같이 점검창(点検窓)에서 와이어로우프로 매달고 중심을 맞춰둔다.

③ 축도 한끝을 와이어로우프로 매달고 기어에는 대기 나무를 물려 화살표의 방향으로 때려 넣는다.

④ 축이 소정의 위치까지 들어갔으면 부하측 베어링 커버를 임시 고정시키고 그림8.8(c)와 같이 반부하측(反負荷側)베어링을 신중히 때려 넣는다. 이 경우 전술한 그림8.6의 (a)또는(e)의 지그를 쓴다. 라고 하는 것이 된다.

그러나 이것으로 베어링의 부착이 끝났다고 생각하는 것은 시기상조이다.

조립순서, 방법은 틀리지 않았어도 반부하측 베어링의 끼워맞춤의 강도

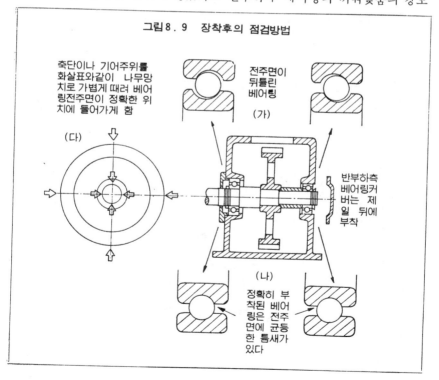

그림8. 9 장착후의 점검방법

축단이나 기어주위를 화살표와같이 나무망치로 가볍게 때려 베어링전주면이 정확한 위치에 들어가게 함

전주면이 뒤틀린 베어링

(가)

(다)

반부하측 베어링커버는 제일 뒤에 부착

(나)

정확히 부착된 베어링은 전주면에 균등한 틈새가 있다

에 따라서는 베어링의 전주면(轉走面)에서 서로 반발하여 그림8.9(가)와같이 서로 뒤틀림이 일어날 염려가 있다.

이것을 그대로 운전하면 극히 빠른 시간내에 베어링 전종면에"프레이킹" 박리(剝離)가 발생하여 이음(異音), 발열에서부터 심할때는 파손사고로 까지 발전할때가 있다.

이와 같이 베어링 조립미스를 방지하려면 베어링을 때려넣거나 압입했을 따름이면 어떠한 상태가 일어날 수 있는가를 충분히 이해해서 그림8.9의(가)(나)(다)를 잘 점검하여 적절한 처치를 취해야 한다.

4 특수 베어링과, 베어링의 특수사용방법

4 - 1 베어링에 예압(予圧)을 주어 쓰는 방법

베어링에는 미끄럼과 로울링의 구조가 있다는 것은 전술했으나 그것들에는 적당한 틈이 있다.

특히 미끄럼 베어링은 틈이 없으면 조립할 수 없다. 예컨대 무리해서 조립했다고 해도 회전시키면 소손(燒損)되게 된다.

마찬가지로 로울러 베어링에도 전주면(轉走面)에는 틈이 있으나 이 틈을 0 또는 마이너스로 해서 쓸 수 있다고 하는 큰 특징을 갖고 있는 것이 이 로울러 베어링이다.

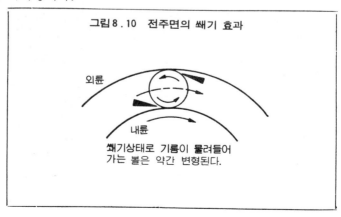

그림8.10 전주면의 쐐기 효과

외륜

내륜

쐐기상태로 기름이 물려들어
가는 볼은 약간 변형된다.

어떻게해서 그와 같은 것이 가능한가 하면 그림8.10과 같이 윤활유가 전 주면에 쐐기모양으로 물려 들어갈때 대단히 강한 힘을 발생해서 보올이나 로울러등의 전동체를 약간 변형시키기 때문이다.

이 전동체의 변형은 이것이 탄성한계내라면 베어링으로서 충분히 쓸수 있으나 영구변형(永久変形)을 일으킬정도로 지나치게 강하면 파손된다. 이와같이 베어링의 틈새를 0 또는 마이너스로 하는 것을 예압을 준다라고 하지만 그것은 베어링에 틈새가 있기 때문에 회전축에 약간의 진동이나 이동이 있어도 상태가 좋지 않은것 예컨대 그라인더의 숫돌 축, 선반의 주축 등에 쓰인다.

공작기계의 보전현장에서는 이 베어링의 예압조립은 메이커를 불러서 시공하는 케이스가 많다고 보지만 이것도 보전맨으로서 몸에 배게 해둘기능 이라고 본다.

이하에 그 조립법을 소개한다.

베어링의 예압조립은 그림8. 11의 (a)(b)(c)(d)의 기본형이 있다.

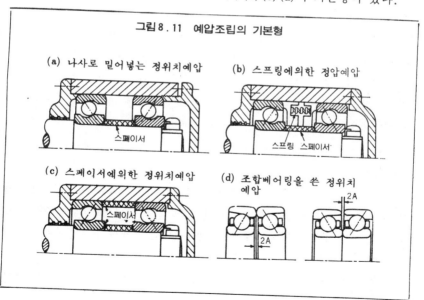

그림8.11 예압조립의 기본형

(a) 나사로 밀어넣는 정위치예압   (b) 스프링에의한 정압예압

스페이서   스프링 스페이서

(c) 스페이서에의한 정위치예압   (d) 조합베어링을 쓴 정위치 예압

스페이서   2A   2A

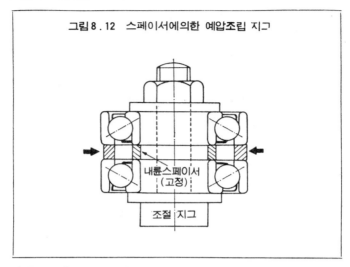

그림 8.12 스페이서에의한 예압조립 지그

내륜스페이서
(고정)

조절 지그

이 중에서 (a)의 나사로 압입하는 방법은 숙련자도 그다지 쉽지 않아 그
다지 권유할 수 있는 방법은 아니다. 이것을 썼을 경우에는 (b)또는(c) 로
개조하는 편이 확실할 것이다.

(b)의 스프링에 의한 방법은 절삭조건이나 운전조건에 따라 스프링의 강
도를 경험적으로 구할 수 있으므로 안정된 방법이라고 할 수 있다.

(c)의 스페이서를 쓸 경우에는 그림 8.12와 같은 지그를 만들어 외륜용
스페이서를 화살표와 같이 손끝으로 눌러 움직임을 감지한다. 스페이서는
평면연삭을 해서 여러가지의 두께의 것을 준비해둔다.

손끝에 이 정도의 감응력(感応力)이 없다면 숙련된 기계수리 기능자라고
는 할 수 없다.

또 (d)는 미리 경(輕), 중, 강의 예압을 줄 수 있게끔 베어링 메이커에
서 2 A에 해당하는 틈새를 갖게한 한쌍의 조합 베어링을 제작하고 있으므
로 이것을 구입해서 2 A의 틈새가 없어지게끔 눌러넣어 조립하면 자동적
으로 예압조립이 된다.

그러나 이것은 보통가격의 약 30% 업이 된다. 또 조합이 틀리면 예열효
과가 없어지므로 주의한다.

4 - 2 복열(複列)원추 로울러 베어링의 조립방법

약간 대형이고 중하중(重荷重)인 곳에는 그림 8. 13과 같은 복열원추로울러 베어링이 쓰인다.

여기에는 적당한 두께의 스페이서가 부속 돼 있으나 조립 할 때는 스페이서의 두께를 정해서 조립하거나 전주면(転走面)이 마모돼서 틈새가 많아진 것은 스페이서의 두께를 가감해서 틈새조정을 하는 등의 처치가 필요해진다.

이하에 이 조정방법의 포인트를 쓴다.

① 그림 8. 14와 같이 서피스 플레이트의 위에 베어링을 놓고 스페이서를 떼낸 상태에서의 높이를 다이얼 게이지로 측정한다. 이것은 전주면의 틈새＝0 을 의미하고 있다.

② 다음에 스페이서가 들어가는 곳의 치수를 인사이드 마이크로미터 등으로 측정한다. 이 치수와 같은 스페이서를 만들어 조립했을때 이론적으로는 전주면의 틈새는 0 이 될 것이다.

③ 그러나 내륜과 축의 끼워맞춤 강도에 따라 내륜이 넓어졌을 때는 틈

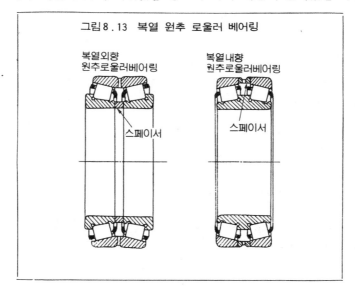

그림 8. 13 복열 원추 로울러 베어링

복열외항
원추로울러베어링

복열내항
원추로울러베어링

스페이서

스페이서

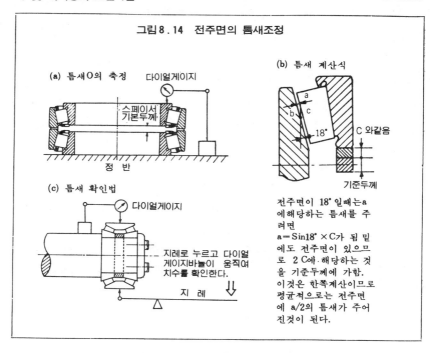

그림 8 . 14   전주면의 틈새조정

(a) 틈새 O의 측정   다이얼게이지

스페이서
기본두께

정 반

(c) 틈새 확인법

다이얼게이지

지레로 누르고 다이얼
게이지바늘이 움직여
치수를 확인한다.

지 레

(b) 틈새 계산식

a
b c
18°

C 와같음

기준두께

전주면이 18° 일때는a
에해당하는 틈새를 주
려면
a=Sin18°×C가 됨 밑
에도 전주면이 있으므
로 2 C에 해당하는 것
을 기준두께에 가함.
이것은 한쪽계산이므로
평균적으로는 전주면
에 a/2의 틈새가 주어
진것이 된다.

새가 마이너스가 되게끔 작용한다. 또 내륜을 축 너트로 죄면 스페이
서의 두께가 약간 변형돼서 이것도 전주면 틈새를 마이너스로한다.

④ 따라서 전주면에 플러스의 틈새를 주고 싶을 경우에는 그림 8 . 14(b)
의 계산식에 의해 스페이서 두께를 정하고 실제로 조립한 다음 그림
8 . 14 (c)의 방법에 의해 예정대로의 틈새가 주어졌는지 아닌지를 확
인해야 한다.

4 ～ 3 라인 축 베어링의 부착

대형기계나 장척(長尺)기계에서는 그림 8 . 15와 같이 라인축에 많은 베
어링을 부착할 경우가 있다.

이 경우에는 베어링은 주로 어댑터달림 복열자동조심형(復列自動調心形)

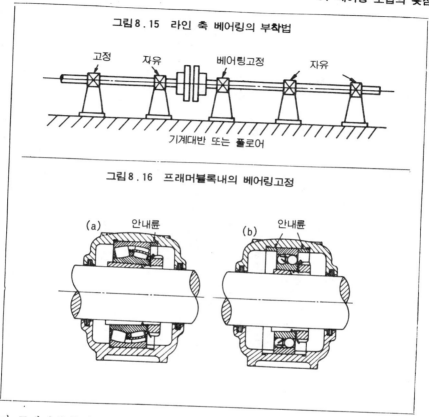

그림8.15 라인 축 베어링의 부착법

고정   자유   베어링고정   자유

기계대반 또는 풀로어

그림8.16 프래머블록내의 베어링고정

(a) 안내륜   (b) 안내륜

과 프래머블록이 쓰인다.

이 경우 한개의 축에 대해 1개소의 베어링은 반드시 그림8.16(a)(b)와 같이 안내륜(案内輪)을 짜 넣어 축방향의 유극(遊隙)을 고정시켜 두고 타의 베어링은 축방향에로의 이동이 가능하게 프래머 블록에 안내윤을 쓰지 않고 조립한다.

이하에 그 방법을 기입한다.

① 그림 8.17과 같이 소정위치에 프래머 블록을 임시로 놔둔다.

② 축에 베어링을 넣고 어댑터는 죄지 않고 프래머블록에 올려 놓는다.

③ 커플링의 틈새와 안내윤이 들어갈 여지를 보면서 어댑터를 죄는 것이

그림 8.17 프래머블록의 조립

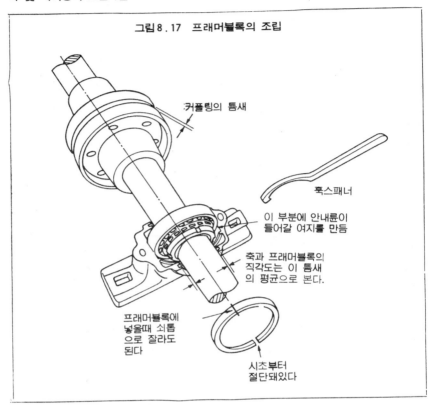

커플링의 틈새

훅스패너

이 부분에 안내륜이
들어갈 여지를 만듬

축과 프래머블록의
직각도는 이 틈새
의 평균으로 본다.

프래머블록에
넣을때 쇠톱
으로 잘라도
된다

시초부터
절단돼있다

다.

④ 굽힘 와셔를 휘어 굽히고 너트를 고정한다.

⑤ 안내륜은 처음부터 일부는 절단 돼 있으나 그림8.17과 같이 줄톱으로
   절단해서 그림과 같이 부착해도 지장이 없다.

⑥ 기타 자유측 베어링은 프래머 블록에 부착하고 안내륜은 쓰지 않고
   좌우로 이동할 수 있게 해둔다.

⑦ 이와 같이 모든 베어링을 부착후 축과 프래머 블록의 직각도, 커플링
   과 축심의 일치등을 확인하여 프래머블록을 죄어서 고정한다. 물론
   핀, 코터에서 기술한 위치결정도 필요하다.

축 및 베어링의 보전작업

9 슬라이딩 베어링의 윤활, 수리기술

앞의 「베어링」의 항에서는 특수한 것을 제외하고 일반적으로 베어링이라고 하면 로울러 베어링을 지적하고 있다고 했다.

그러나 슬라이딩 베어링도 최근 정밀공작기계에서 그 양호함이 인식되는 등 옛부터의 기본적인 기계요소로서 좋은 점을 지니고 있다.

그 특징을 기술하면

① 수명이 길다(잘 유지관리하면 5년이상은 견딘다)

② 운동이 정적(靜的)임(로울러 베어링과 같이 진동, 소음이 없다)

③ 충격하중에 강하다(넓은 면적으로 축을 지지하고 있다)

④ 초고속에도 적합하다(100,000 rev/min이상의 것도 있다)

⑤ 높은 하중이라도 마모가 적다(유막(油膜)에 의해 지지한다)

⑥ 소형, 간단한 구조이며 싸게 만들 수 있다(예 : 베어링 부쉬)

등을 들 수 있으나 이들의 이점을 살려 터어빈, 블러워, 내연기관, 압연기, 대형 전동기, 대형 기어감속기등에서는 아직 많이 쓰이고 있다고 본다.

미끄럼 베어링은 로울러 베어링과는 달리 구조, 재질, 윤활형식등에 대단히 많은 종류가 있다.

여기서는 일반산업기계를 대상으로 해서 대형전동기나 기어감속기 등에 쓰이는 져어널형을 예로하여 미끄럼 베어링에 기본이 되는 마찰과 윤활의 문제나 보전상의 포인트, 기본적인 수리기술이 되는「놓고 붓기」의 방법등에 대해 기술한다.

1 미끄럼 베어링의 마찰과 윤활

미끄럼 베어링이라고 하면 마찰과 윤활의 문제를 빼고 할 말이 없으나

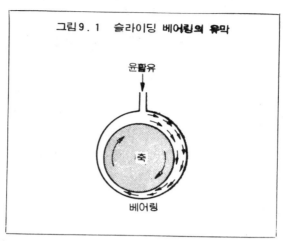

그림 9. 1 슬라이딩 베어링의 유막

윤활유

축

베어링

이것에 대해서는 별도로 항을 두고 윤활관리의 곳에서 상세히 취급하고자 하므로 여기서는 웃점만 들기로 한다.

대형의 전동기나 기어감속기의 미끄럼 베어링은 일반적으로 베어링 상부에서 강제급유, 끼얹기, 적하(滴下), 오일링방식등의 윤활을 한다.

이 경우 점성(粘性)이 있는 윤활유는 그림 9. 1과 같이 축의 회전에 의해 쐐기상(狀)공간에서 유체(流体)역학적 작용으로 고압을 발생하여 축과 베어링사이에 유막(油膜)을 형성한다. 따라서 회전중의 축은 이 유막에 의해 넓은 면적에 이르러 지지되는 것이 되어 그 때문에 마찰저항도 적고 수명도 길다. 그러므로 미끄럼 베어링의 경우는 이 유막을 잘 유지하는 것이 보전상의 제일의 포인트이다.

② 베어링 재료와 수리방법

2 - 1 미끄럼 베어링에 쓰이는 재료

축은 보통 강(鋼)으로 만들어지지만 미끄럼 베어링은 그 사용조건에 따라 각종 금속으로부터 비금속재료에까지 미치는 넓은 범위의 재료가 있다. 미끄럼 베어링의 재료로서 필요한 특성을 기입하면

① 정적, 동적인 축압(軸圧)에 대해 충분한 내하중성(耐荷重性)일 것.

② 축과의 직접접촉에 의한 마모, 발열에 대해 내마모, 내열, 내식성필요

③ 어느정도의 유연성이 있고 축을 상하지 않게 하며 윤활유와의 사이에 쉽게 피막이 형성되는 화학적인 친숙성이 있을 것

④ 축과 비교해서 열팽창계수에 큰 차가 없고 열전도성이 좋을 것.

⑤ 대철(台鉄)과의 밀착성, 주조성이 좋고 쌀 것.

등을 들 수 있다. 이와같은 점으로 봐서 금속계재료에서는 주로 각종 동합금, 알루미늄합금, 바비트메탈등이 쓰이고 있다.

또 간단한 부쉬에는 청동주물(포금(砲金)이라고 함), 고하중용에는 인청동, 연청동(케르멧), 알루미늄합금등이 쓰인다.

특히 주석계 바비트메탈은 저하중에서 고하중, 일반용에서 고성능 베어링까지의 넓은 범위에서 연강(軟鋼)이나 청동의 대철(台鉄)에 라이닝 해서 쓰인다. 이 라이닝은 내연기관이나 레시프로 콤프레서등 대량생산 혹은 대형의 것은 전문메이커가 회전주조법으로 만들고 있다.

보전현장에서 할 경우는 「놓고 붓기」라고 하는 방법이 취해지고 있다.

여기서 생각나는 것은 1960년경의 미국영화「대열차 작전」에서, 나치스 점령하의 파리미술관에서 많은 명화를 열차로 베를린으로 갖고 가려고 할때 이와 저항하는 비어트랑카스터 출연의 기관사가 자신이 증기 기관차의 크랭크핀메탈을 「놓고 붓기」로 수리하여 각지의 지하조직의 협력을 얻어 탈환하는 장면이 있어서 대단히 강하게 인상이 남아 있다.

2 - 2 라이닝 수리방법

전통이 있는 보전수리현장에서는 내경 200ø정도까지라면 바비트메탈의 라이닝 수리기술이 전승돼 있다.

그러나 최근에는 차차 이와 같은 수리기술은 없어져 높은 비용을 내고 기계 메이커에 수리를 부탁하는 케이스가 증가하고 있다고 본다.

기계 메이커도 또 제조공정에 수리작업이 들어옴으로써 번거로와 그다지 환영하지 않는다.

그러므로 이 바비트메탈을 대철(台鉄)에 「놓고 붓기」하는 방법을 그림으로

해석해서 소개하기로 한다.

라이닝 수리-「놓고붓기」의 순서

1. 필요한 공구, 재료

① 도시가스 또는 프로판가스버어너 혹은 토오치람프
② 분할메탈 림 밴드철물, 보울트, 너트, 스패너
③ 분할메탈 분리용철판(두께 1 mm)
④ 주철재 소형정반
⑤ 누르기용 각강재
⑥ 연질석면시이트(두께 5 mm)
⑦ 철남비 및 간단한 가열로
⑧ 바비트
⑨ 납땜재료
⑩ 천페이퍼, 부젓가락, 웨스, 에어호오스

---

2. 준비작업(그 1)	3. 준비작업(그 2)

2. 준비작업(그 1)

(1) 오래된 메탈을 도시가스, 프로판 가스 또는 토오치람프로 가열하고 바비트을 녹여 제거한다. 아세틸렌 버어너는 화력이 지나치게 강하므로 쓰지 않는 것이 좋다.

(2) 바비트을 제거한 대철은 잘 청소해서 내면의 흠통을 천페이퍼로 닦고 다시 가열해서 얇게 땜납으로 도금해둔다.

대철 / 내면, 흠은 잘 닦아 땜납도금한다 / 흠

3. 준비작업(그 2)

(1) 메탈 분리판(1 mm두께)을 메탈 맞춤면에 맞춰서 가공한다.

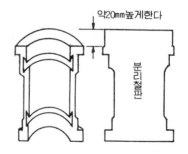

약20mm높게한다

분리철판

(2) 연질석면판(5 mm두께)은 버어너등으로 가열하고 완전히 습기를 제거해둔다.

(3) 주철정반도 버어너로 가열하고 200~300℃로 가열해둔다.

4 . 본 작업(그 1)

(1) 정반위에서 대철에 분리철판을 끼 우고 철구를 친다.

(2) 대철하면을 잘 맞춘다.

(3) 정반위에 석면판을 깔고 친 대철 을 올려 놓는다.

(4) 대철을 버어너로 가열한다. (150~200℃정도)

(5) 누르기용 강재를 놓는다.

5 . 본 작업(그 2)

(1) 본작업 그 1의 (4)때부터 병행해 서 바비트를 용해로에서 가열한다.

(2) 중하중용은 180~220℃에서 용해 를 시작하고 450~550℃에서 이것 을 주입한다.

(3) 충분히 용해됐으면 표면의 산화찌 꺼기를 나무가지로 제거한다.

(4) 밑의 그림과같이 분리철판위에서 좌우균등히 서서히 유입한다.

(5) 주입이 끝나면 쇠물이 새는지 아 닌지를 점검한다.

(6) 대철하부에 에어를 보내 밑의쪽에 서부터 굳어지게한다.

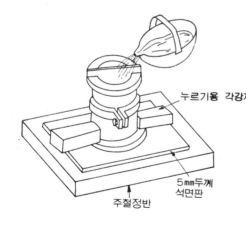

누르기용 각강재

5mm두께 석면판

주절정반

〔주〕
쇠물을 주입할때 수분이 있으면 쇠물탕이 튀어 대단히 위험하므로 충분 히 주의한다.

6 . 종결작업

(1) 놓고 붓기한것은 약 20~30분이면 굳지만 1시간정도는 방치함

(2) 누르는 철물을 떼내고 밴드철물을 떼내서 2분할하고 대철과 충분히 용착됐 는지를 확인한다.

(3) 결함이 없음을 확인하고 물에 넣어 냉각시킨다.

7. 기계가공

(1) 맞춤면의 돌기, 덧살등을 가볍게 줄칼로 없앤다.

(2) 맞춤면 전면에 0.05~0.07mm의 종이를 끼우고 밴드철구를 가볍게 친다.

(3) 선반으로 안지름가공함, 축경과 메탈경은 통일치수로 깎을것

(4) 선반가공이 끝나면 밴드를 떼내고 기름굄, 기름홈 가공을 한다.

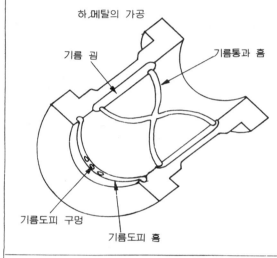

하.메탈의 가공

기름 굄

기름통과 홈

기름도피 구멍

기름도피 홈

〈주〉

• 상 메탈에서 상향하중이 걸리는 것은 본 그림에 준해서 가공한다

• 하양하중뿐인 것은 상 메탈의 기름 굄만으로 한다

8. 습동맞춤작업

(1) 예비습동 맞춤은 최초메탈을 축에대고 습동맞춤하고 강하게 닿는 부분을 스크레이퍼로 떼낸다

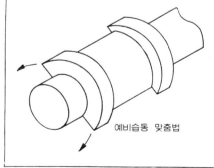

예비습동 맞춤법

((2) 닿음면을 두는 범위는 하측 중심에서 좌우 45°씩으로 하고 나머지는 전부 도피시켜둔다. 상 메탈도 마찬가지로 한다.

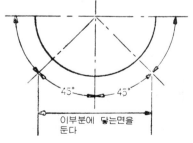

45°   45°

이부분에 닿는면을 둔다

(3) 본 습동맞춤은 하(下)메탈만을 메탈대에 부착하여 축을 올려놓고 시행한다. 닿음 면은 좌우 45°사이, 메탈 전체길이의 70%이상이나 걸쳐 균등한 닿음면이 산재 해 있을 것.

(4) 하 메탈의 습동이 끝나면 또한 상 메탈을 올려놓고 메탈대를 조립해서 상 메탈의 닿음면을 본다. 이 경우 상 메탈에 닿음면이 있으면 안된다. 만일 상 메탈에 닿음면이 있다면 예비습동맞춤의 요령으로 닿는 곳을 없앤다.

(5) (4)의 방법으로 상 메탈에 닿음면이 없으면 상 메탈과 축 사이에 1mm∅의 납퓨즈를 넣고 메탈 대를 죄어서 눌러진 납퓨즈를 꺼내서 그 두께를 마이크로미터로 측정하여 메탈클리어런스를 확인한다.

(6) 메탈에 주는 적정 클리어런스는 부하조건, 윤활방법등에 따라 한마디로 말할 수 없으나 예컨대 전동기, 블로워, 기어감속기등 중정도의 하중에서 주로 하향하중의 것은 축경의 0.07~0.15%정도면 된다.

(7) 메탈을 바꾼 다음에는 먼저 50~60%부하에서 수일간 길들이기 운전을 하고 베어링온도, 유온, 기름의 오염등에 충분히 주의해서 이상이 있으면 곧 정지시켜 메탈을 분해점검한다.

(8) 이어서 이상을 인정할 수 없다면 약 500~1000시간 운전후 메탈을 분해점검, 기름교환을 하고 메탈의 강한 닿음면등을 수정해서 다시금 조립을 한다.
　　이후 2000~3000시간마다 기름을 바꾸고 클리어런스 측정등을 해서 이상없이 운전을 계속한다면 적어도 5년간은 문제가 없을 것이다.

③ 보전상의 포인트

3 - 1 윤활에 대해

바비트메탈은 화학적으로도 물리적으로도 극히 친근성이 우수한 베어링 재료이지만 사용상태에 따라서는 어느정도의 마모는 피할 수 없다.

앞에서 미끄럼 베어링의 보전상의 포인트는 축을 지지하는 유막을 잘유지하는 것이라고 기술했다.

그러면 어떤 경우 어떤 원인으로 이 유막이 끊어짐이 일어나는가.

우선 제일 먼저 축이 정지중에는 축과 베어링면에는 직접 접촉이든가 또는 경계면에서 접촉돼 있으며 기동해서 회전이 증가됨에 따라 유막이 형성된다는 것을 머리에 넣어 두어야 할 것이다.

또한 베어링부를 포함한 전체구조나 축의 응력, 열에 의한 휨, 비뚤어짐 진동등에 의해 축 한쪽닿기를 초래하여 일부유막이 끊어지거나 또 윤활유 중의 이물(異物)(금속마모분, 먼지, 슬러지 등)도 유막끊임의 원인이 된다.

특히 윤활유의 점도, 온도는 유막두께에 큰 영향을 미친다.

그 점 전동기 단체(単体)등은 별도로 해도 일반산업기계에서는 베어링부만의 윤활계를 동립시킨 것은 적고 기어계나 다른 마찰부와 함께 윤활했을때 어느 부분의 윤활을 주체로 생각하는가가 문제가 된다.

이것도 제일의적으로는 설계자가 선택해야 하지만 실제적인 윤활관리의 운용실행면은 보전기술자의 큰 임무로 돼 있다.

그러기 위해서는

① 윤활유의 적정점도(適正粘度), 압력, 온도, 유량의 정기점검(특히 기름 속의 수분의 검출 산가(酸価)의 측정이 필요)

② 이물(異物)의 제거, 색상의 변화에 주의한다.

③ 기름 누설, 이물의 침입, 기내의 결로(結露)에 주의한다.

등이 필요하다.

또한 신용이 있는 윤활유 메이커는 유저로부터의 기름의 성상(性状) 검사의뢰에 응할 체제를 갖고 있으므로 충분히 활용하면 된다.

3 - 2 베어링의 사용한계에 대해

(1) 간단한 부쉬라면 외관검사에 의해 눈으로 봐서 마모에 의한 장해, 즉 축 흔들림, 진동, 발열, 소음등과 관련되는 품질, 성능에 영향을 미치기 전에 바꿔야 한다.

또한 교체시기나 방법등에 대해서는 보전기술자로서 개개의 사용조건에 따라 검토를 진행한다.

(2) 전동기 베어링은 스테이터와 로우터의 상하, 좌우의 에어갭의 변화에

따라 베어링 마모량을 추정할 수 있다. 가늠으로서는 상하, 좌우 균등한 갭에 대해 30%의 변화가 일어났을때 바꾼다.

이것을 그대로 계속 사용하고 있으면 전자적(電磁的)작용에 의해 이후 급격히 베어링의 마모가 진행되므로 주의가 필요하다.

(3) 기어 감속기등에서는 베어링의 마모에 의해 이면(齒面)에 이상마모의 징후가 나타난 다음에 처치해서는 늦다. 감속기의 진동, 소음, 발열 윤활유의 열화(劣化)등을 정기적으로 검사 파악해서 베어링의 마모를 종합판단해야 한다.

가늠으로서는 최초에 베어링에 준 클리어런스가 약 3배로 증가 했을때가 교체를 검토할 시기로 보면 된다.

(4) 기타 마찰기구부나 축 이음의 베어링등 여러가지 사용조건이 있으나 베어링 단체(単体)로서는 아직 사용가능한 상태라고 해도 관련이 있는 부분의 정도(精度), 성능에 영향을 미친다면 교체정비가 필요해진다. 이와 같이 한마디로 미끄럼 베어링이라고 해도 여러가지 요소가 엉켜 있으므로 항상 계획적인 관리체제와 기술판단력을 쌓아 두는 것이 중요하다.

3 - 3 기타의 주의사항

(1) 예컨대 2분할 미끄럼 베어링을 분해해 보면 닿는 면 이외의 부분이 흑갈색으로 변색돼 있을때가 있다.

이것은 윤활유의 슬러지가 부착한 소위 기름이 타서 생긴 것이므로 염려할 필요는 없으나 기름의 흐름을 좋지 않게 하므로 스크레이퍼로 제거한다.

(2) 보통의 미끄럼 베어링에서 단(段) 달림 축의 스러스트를 받는 것은 생각해야 될 것이다. 아무래도 스러스트를 받지 않으면 안될 경우 에는 그림 9. 2 (b)와 같이 개조한다.

개조상의 욧점에 대해서는 그림에 기입 돼 있으므로 참조한다.

(3) 바비트는 연질금속이므로 윤활유 속에 다소의 이물이 있어도 표면에

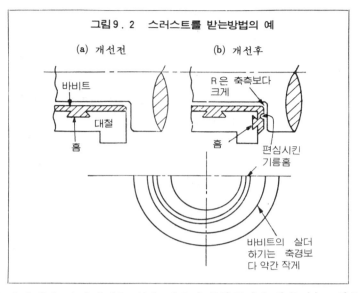

그림 9 . 2   스러스트를 받는방법의 예

(a) 개선전   (b) 개선후

매몰돼서 축을 손상시키는 일은 적으나 동합금이나 알루미늄 합금은 이물에 민감하므로 축을 손상시키거나 소손사고를 일으키기 쉽다.

이것들 윤활유 속의 유해한 이물은 축과 베어링 면의 관찰에   의해 그 발생상태를 추정할 수 있다.

또 바비트는 닿는 면적이 적을 경우 충격하중을 받으면 튕겨나와 대철(台鉄)에서 박리(剝離)되거나 열전도가 불량해지므로 국부적인 용해(鎔解)를 일으키기 쉬운 결점이 있다.

그 점 이것들은 베어링 관찰시의 포인트라고 할 수 있다.

전동장치 부품의
보전작업

10 기어의 손상과 보수보전

산업기계를 구성하는 부품중에서 기어가 차지하는 위치는 대단히 크다. 이와 같은 점은 특히 보전에 종사하는 사람들은 많이 느끼고 있을 것으로 본다.

예컨대 기어의 이가 부러져 교체품을 만든다고 하면 아무리 빨라도 수일에서 10일 이상이나 기계를 세우고 기다려야 한다. 또 파편때문에 감속기 케이스까지 파손시켜 치명적인 사고를 일으킨 예등 기어가 일단 고장을 일으키면 생산활동에 대단히 큰 영향을 미치는 것이기 때문이다.

한편 잘 만들어진 기어를 정확히만 쓰면 10년, 20년간 무사고로 충분히 쓸 수 있다. 또 쓰지 않으면 안되는 것이다.

기어는 기계요소의 하나이면서도 이것만큼 많은 학자나 연구가, 실무자가 설계, 제작, 사용에 관한 연구를 하고 있는 것도 타에 예를 볼 수 없는 것이며 그만큼 이것을 정확히 쓴다는 것은 꽤 힘든 것이다.

그 점 기어를 잘 보수보전해서 쓸 수 있는 것은 보전기술의 큰 포인트라고 할 수 있다.

기어에 관한 참고서, 연구논문등도 많이 나와 있으나 일본의 기술평론사에서는「트러블이 없는 기어」라는 책이 나와 기어제작으로서 긴 세월의 경험을 망라한 책으로서 정평이 나 있으므로 제일선의 보전기술자로서 충분히 활용할 수 있을 것이다.

다시금 말하면 모든 기어제작, 조립이 이 책과 같이 배려 돼 있으면 기어에 의한 소음이나 사고는 더 한층 감소 됐을 것으로 생각하는 바이다.

많은 공장을 견학해 보면 고속중하중(高速重荷重)의 기어 감속기나 전도계(伝導系)는 거의 모두가 90혼 이상으로 운전되며 80혼 이하는 드물다. 또 보전부품창고에는 다소 여러가지의 기어가 예비품으로 있어서 큰 웨이트를 차지하고 있는 실정이다.

　그러므로 이 항에서는 기어의 원리원칙을 논하기 보다도 위와 같은 실정을 배경으로서 기어의 사용자측에서의 문제의 제기와 몇가지의 체험적 해결법에 대해 쓰기로 한다.

① 기어의 손상에 대해

　표10.1은 기어의 손상을 이의 면의 현상으로 봐 미국규격을 참고로 해서 분류한 것이며 ○표를 한 것이 트러블로서 일반적으로 자주 발생하고 있다.

표10. 1　기어손상의 분류

I 이의 면의 열화	1 마　모	1) 정상마모 2) 습동마모 3) 과부하마모 4) 줄 흔적마모	○ ○
	2 소성항복	1) 압연항복(로오링) 2) 피이닝항복 3) 파상항복(리프링)	○
	3 용　착	1) 가벼운 스코어링 2) 심한 스코어링	
	4 표면피로	1) 초기피칭 2) 파피적피칭 3) 박리(스포오링)	○ ○ ○
	5 기　타	1) 부식마모 2) 버어닝 3) 간섭 4) 연삭파손	 ○
II 이의 절손		1) 과부하절손 2) 피로절손 3) 균열 4) 소손	 ○

이것에 대해서는 사진으로 해석한 책도 많으므로 참조를 바란다.

또 그 밖에 진동, 소음이라고 하는 현상이 있으나 그것들은 표 중의 손상의 전구증상(前驅症狀)이라고 해도 된다.

그것들의 손상이나 그 원인에 대해서는 스퍼어기어, 헬리컬 기어, 베벨기어, 웜 기어등 기어의 종류에 따라 미묘한 차는 있으나 대다수의 경우 운전개시후 수100시간 중에 초기마모, 초기피칭의 세례를 받는다.

잘 만들어진 기어는 적절한 윤활과 정상운전에 의해 이것들은 유아의 홍역과 같이 지나가 그다음에는 통상의 보전과 운전을 계속하고 있으면 이 이상 큰 트러블은 없을 것이다. 또 일어나면 안될 것으로 본다.

나는 지난날 자기가 취급한 산업기계의 기어 손상에 대해 원인을 분석했을때가 있었으나 그것에 의하면 설계제작불량60%, 조립불량15% 사용상 (보전, 운전)의 불합리25%가 됐다. 이것은 앞에서 기술한 기어의 진동, 소음의 원인분석과 일치되고 있다.

이면(齒面)의 피칭이나 이의 절손, 소착(燒着)(스코어링)은 기어의 강도를 지배하는 중요한 요소이지만 절손, 소착은 확실히 나타나 개개의 한 계치로서의 하중을 명확히 표현할 수 있지만 피칭에 의한 파괴는 어느 정도의 피칭이 발생된 것을 갖고 이상이라고 하는가에 대해서는 연구자에 따라 각각 취급이 다르다.

하여간 잘 만들어지지 못한 기어나 기어 장치는 손을 댈 수 없다고 할 수 있으나 그렇다고 하더라도 보전부문이 손을 대지 않고 있으면 문제는 더 한층 해결되지 않는다. 어떻게 해서라도 쓸 수 있게 하는 지혜를 생각해 내야 할 것이다.

2 이의 면에 일어나는 주요한 손상과 그 대책

이의 면의 손상을 강도계산, 재질, 가공방법과 정도(精度), 조립, 윤활등의 면에서 취급한 실험, 연구 데이터는 많이 소개 돼 있다.

이것들의 원리원칙을 설계자나 메이커측에서 충분히 활용해 주기를 바라는 바이다.

한편 보전현장에서는 그 원리원칙의 몇가진가가 복잡다양하게 영향을 서로 받아 트러블이 되므로 목적을 지닌 실험과정과는 달리 원인 파악도 간단하지는 않다. 또 복구를 지나치게 서둘러 중분한 원인도 구명치 않은대로 예비품과 교체해서 운전할때도 자주 있다.

처음에서도 기술한대로 특히 기어는 이것을 전문적으로 취급해도 충분히 성립될 정도의 요소를 갖고 있다. 즉 불충분한 지식으로 이것을 취급하는 편이 문제일지도 모르지만 보전부문에서도 그나름대로의 경험적인 방법을 생각해 내고 있으므로 원리원칙과 힘을 합쳐 논리적, 기술적으로 체계화를 도모해야 할 것이다.

이와 같은 의미에서 나의 경험도 함께 이의 면의 주요한 손상원인과 대책을 쓰기로 한다.

2 - 1 이 닿기와 백러시

(1)정확한 이 닿기와 백러시

기어를 정확히 운전유지하기 위해서는 시초가 중요하다. 특히 기어는「시초에 좋으면 끝에도 좋다」라고 하는 말과 꼭 같다.

정확한 이 닿기와 백러시는 필요불결한 요건이지만 그 중요성에 대해서는 말할 필요도 없다.

정확한 이 닿기란 예컨대 스퍼어 기어를 예로 해보면 거의 모든 책에는 다음과 같이 써 있다.

① 이의 줄기 길이의 80%이상, 유효 이의 높이의 20%이상 닿아야 됨

② 상기 중에서 이의 줄기방향 길이의 40%이상에 대해서는 유효 이의 높이의 40%이상의 닿기일 것.

③ 더욱 ①, ②는 어느것도 피치선을 중심으로 해야 하며 피치선을 사이에 두고 유효 이 높이의 1/3이외에 강하게 닿으면 안된다.

또 백러시에 대해서는 기어의 정도등급(精度等級)에 따라 규격등에 정해져 있으므로 참조하기 바란다.

그림10. 1 백러시와 이 닿음의 측정법

(a)백러시와 이 닿기의 체크

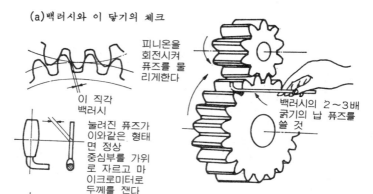

피니온을
회전시켜
퓨즈를 물
리게한다

이 직각
백러시

눌려진 퓨즈가
이와같은 형태
면 정상
중심부를 가위
로 자르고 마
이크로미터로
두께를 잰다

백러시의 2～3배
굵기의 납 퓨즈를
쓸 것

이와같은 형상이 되는 경우가 있다. 이것은 이를
낼때 호브아아바에 유극이 있을때등 인볼류트치형
불량때문에 일어난다. 기타 상하가 비대칭인 것은
이의 형상불량의 의문점이 있다.

(b)피치 원주상의 백러시 측정

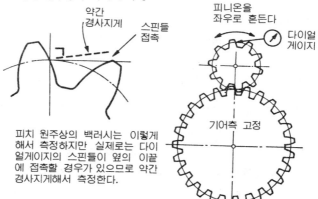

약간
경사지게

스핀들
접촉

피니온을
좌우로 혼든다

다이얼
게이지

기어측 고정

피치 원주상의 백러시는 이렇게
해서 측정하지만 실제로는 다이
얼게이지의 스핀들이 옆의 이끝
에 접촉할 경우가 있으므로 약간
경사지게해서 측정한다.

보전현장에서는 이의 닿기와 백러시는 그림10.1(a)와 같은 방법으로 적색 페인트를 칠해두면 모두 측정할 수 있다.

또 백러시만을 그림10.1(b)와 같이 측정하는 방법도 있으나 이것은 한쪽의 기어를 고정해야 한다.

(a)와 (b)의 방법으로는 이의 직각 백러시(Cn)와 피치 원주상(円周上)의 백러시(Co)를 측정하는 상이점은 있으나 큰 차는 없다.

단지 (b)의 방법은 다이얼게이지를 대는 방법이나 각도의 상대 기어를 확실히 고정하는 것이 문제가 되고 또 잇폭 중의 제일 작은 부문의 백러시를 재고 있음을 이해하여야 한다.

(a)의 경우에는 잇폭 중의 임의의 위치를 측정하면 이의 홈의 흔들림, 이의 줄기의 어긋남도 추정할 수 있다.

보통 이 닿기와 백러시는 기어휠의 원주 3～4개소를 검사하고 백러시에 대해서는 잇폭의 중심부에서의 평균치를 잡으면 된다.

(3) 검사기록표의 작성과 관리

이것으로 이의 닿기 검사와 백러시 측정은 함께 할 수 있으나 여기서 주의할 점은 새로운 기어장치를 설치하고 시운전하기 전에 유저인 보전부문에서 이것들을 체크하라고 하는 것은 아니다. 이것은 메이커에 측정표를 제출시켜 시운전 하기 전에 확인하고자 하는 것이다.

산업기계의 납품과 동시에 동력전동기어장치의 주요한 부분의 백러시 측정기록표가 제출되는 것은 상식이다.

만일 그 기록표가 붙어 있지 않을 경우에는 시운전할때까지 메이커를 불러 입회시킨 다음 측정, 기록표를 작성하여 시방정도(示方精度)를 만족하고 있는가 아닌가를 확인 할 필요가 있다. 거기서 결과가 불만족하면 예컨대 시운전의 계획이 늦었다고 해도 메이커의 책임하에 수정해야 할 것이다.

또 이의 닿기 검사기록은 반드시 제출되지 않으므로 시운전의 입회에 온 메이커의 책임자에 어느정도의 이의 닿기 조정을 했는가 혹은 크라우닝,

치형수정(齒形修正), 이의 각부오차, 이의 면 열처리 및 비파괴 검사등에 대해 질문하고 기록으로서 남겨 장래의 참고로 한다.

이의 닿기 검사나 백러시 측정방법은 이와 같은 기록의 체크나 검사의 입회 및 보전부문에서 기어를 교체했을때 검사측정을 하는데 있어서 필요해지므로 꼭 습득해두지 않으면 안되는 기본적인 기술의 하나라고 할 수 있다.

2 - 2 이의 면의 초기마모
(1) 초기마모의 체크

새로운 기어는 운전개시후 대략 500시간 경과했을때 하나의 고비를 맞게 된다. 이 시점에서 이의 면의 상태를 체크한다.

이 체크는 기계의 운전조건과 기어장치의 설계, 제작, 조립상태가 잘 맞아나가 연속운전에 견딜 수 있는가를 결정하는 중요한 포인트가 된다.

이것은 기어뿐만 아니라 기타의 회전부분이나 습동부(摺動部)등 전반적으로 말할수 있으나 여기서는 기어장치에 한해 기입한다.

이 체크에서, 전항에서 기술한 「이의 닿기 기준」에 합치된 가벼운 마모상태 즉 매끄러운 닿음 면이 돼 있는가 또 그 징후가 없으면 안된다.

적색 페인트로 닿음면이 부각된 상태보다 약간 작은 편의 닿음 면이 나 있으면 초기마모로서는 완벽하다고 할 것이다.

(2) 초기의 트러블과 이의 면의 수정

산업기계는 운전초기에는 기계의 익숙해짐도 적고 또 그 기계독자의 제조조건을 확립하는 의미도 있어서 50~70%의 부하로 운전 될 경우가 많으나 이와 같은 운전조건이라 할지라도「닿기 마모」「스코어링」「진행성 피칭」이나 드물게는「스포오링」을 일으킬때가 있다.

이것들은 기어의 제작, 조립불량과 윤활불량이 주 원인이라고 본다.

그 책임분담은 닿는 면적의 과소와 편재(偏在)에 대해서는 메이커측에 있고 또 윤활상의 문제는 보전부문에서 책임을 지고 해명해야한다.

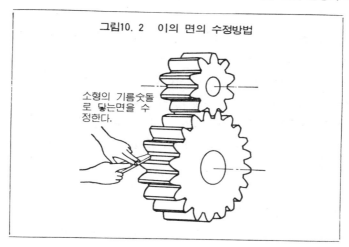

그림10. 2 이의 면의 수정방법

소형의 기름숫돌로 닿는면을 수정한다.

그 경우 유종(油種), 유량, 유압, 유온, 이물의 혼입등을 철저하게 체크한다.

또 여기서 이의 면의 열화(劣化)가 가벼울때는 그림10.2와 같은 방법으로 수리를 하고 이후의 경과를 보면서 500∼1000시간마다 2∼3회 같은방법으로 수리를 하면 대체로 안정시킬 수 있다.

그러나 이 경우 이의폭의 거의 양 끝에서 백러시를 측정했을때 그 차가 50μ 이내정도를 한도로 한다. 그 이상 이의 줄기에 어긋남이 있으면 구할 수 없다고 보고 바꿀것을 생각해야 한다.

또 이 줄기에 크라우닝이나 치형수리를 한것 등은 그 점도 생각할 필요가 있다.

이 이의 면의 수리는 순 기술적인 문제와 동시에 생산부문에 대한 기계정지의 교섭, 설득의 문제도 얽혀 있으며 또 수리의 정도, 기어의 크기, 중요성등에서 오는 수리일정상의 문제도 있으므로 보전기술자로서 높은 기술을 배경으로 해서 일에 임해야 할 것이다.

기어는 정확한 운전과 윤활관리를 하면 1년이나 2년에 못쓰게 되는 것은 아니다. 기어의 수명은 보통 적어도 10년을 한계로 설계되며 잘 만들어진 것은 20년이상 써도 아직 쓸 수 있는 것도 있다.

또 반대로 설계상의 문제나 이의 면의 경도(硬度)의 문제 혹은 제조상의 결함등을 만들때 생겨 있는 것은 보전부문이 지혜를 짜서 이의 면의 수정이나 보전상의 노력을 해도 근본적인 해결이 안되는것도 기어이다. 그점「불량하게 태어난 기어일수록 골치아픈 것이다. 항상 폭탄을 지니고 있는것 같다.」라고 하는 것이 보전기술자로서의 실감이다.

그러므로 기어의 초기 이상에 대해 약간이라도 의문이 있으면 반드시 메이커를 불러 입회확인시켜 타협기록을 작성, 교환해서 장래의 트러블시에 적절한 크레임처리가 되게끔 해둔다.

2 - 3 피칭과 스포오링

기어가 회전할때는 당연히 이의 면에 접촉압력이 걸린다.

이 압력은 사용초기에는 이의 면의 높은 부분에 집중하며 반복 접촉압력에 의해 표면에서 어떤 깊이의 부분에 최대전단응력(最大剪斷応力)이 발생한다.

그러므로 표면에 가는 균열이 생겨 그 균열속에 윤활유가 들어가면 유체역학적(流体力学的)인 고압이 돼서 균열을 진행시켜 이의 면의 일부가 떨어져 나가는 것을 피칭이라고 한다.

이것은 보통 피치선의 약간 밑측(이 뿌리 측)에 핀호올(미시적(微視的)으로는 조개껍질모양)이 되어 나타난다.

보통 초기마모에 의해 닿는 면적이 넓어짐에 따라 차차 없어지지만 진행성인 것은 비교적 큰 파편이 탈락해서 운전을 계속함에 따라 맞물림의 충격도 증가하고 손상도 심해져 드디어 파괴적인 증가을 나타낸다.

또 스포오링은 피칭 보다 더욱 넓은 부분이 어느정도의 두께를 갖고 최종적으로는 박리(剝離)되는 형태이고 이의 면의 경화기어에 많다.

때로는 이끝방방에 금이 가는 것도 있고 또 진행성 피칭의 구멍과 구멍이 연결되어 크게 박리되는 것도 스포오링이라고 한다.

하여간 어느정도의 피칭이 발생해도 진행하지 않는다면 그다지 염려 할 필요는 없다. 때때로 기어장치의 관찰구멍으로 점검하는 것이 좋을 것이다

피칭이 진행성이라고 느껴도 그 진행을 확실히 멈추게 하는 방법은 대단히 힘든 문제이다.

이것이 명확히 닿는 면의 과소, 편재(偏在)때문이라면 전항에서 기술한 이의 닿기의 수정을 하지만 그러나 현재 가동중의 기계를 정지시킨다고 하는 문제나 수정을 했다고 하더라도 지나치면 치형을 잘못해 반대로 마모를 촉진시킬수도 있으므로 신중한 판단과 처치가 필요하다.

2 - 4 스코어링

스코어링은 전항에서 기술한 피칭이나 스포어링과 같이 이의 표면 피로 (疲劳)에 의한 손상과는 달리 운전초기에 자주 발생하는 현상이다.

또 이것이 가장 많이 일어나는 것은 이뿌리 면과 이끝 면의 맞물리는 시초와 끝의 부분이다.

이의 면은 회전할 때의 접촉압력에 의해 휨이 일어나고 또 이를 낼때의 피치오차, 이의 형의 오차등에 의해 그림10.3과 같이 이 끝에서 상대측의 이 뿌리에 버티는 작용(간섭)을 일으키고 국부적인 고온 때문에 윤활막이 파단 되어서 완전한 금속접촉이 된다.

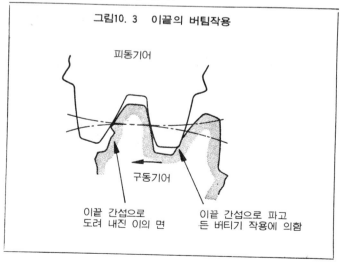

그림10. 3   이끝의 버팀작용

피동기어

구동기어

이끝 간섭으로
도려 내진 이의 면

이끝 간섭으로 파고
든 버티기 작용에 의함

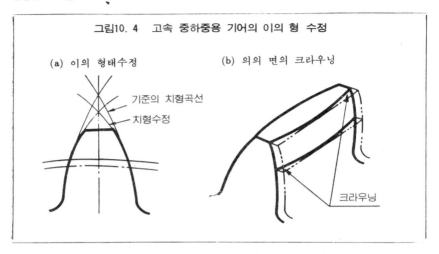

그림10. 4 고속 중하중용 기어의 이의 형 수정

(a) 이의 형태수정

기준의 치형곡선
치형수정

(b) 의의 면의 크라우닝

크라우닝

이 접촉압력은 헤르츠압력이라고 하지만 대단히 높으며 기어 재질 자신의 용융점 보다 월등히 낮은 온도(그러나 유막이 끓일정도의 고온)라도 순간적으로 표면의 극소부분에 용착(鎔着)이 발생한다.

그것이 또 미끄럼 때문에 빼앗겨 할큄상처가 균열을 발생해서 차차 성장하고 피치 선을 경계로 이뿌리 면이 도려내져 치명적인 스코어링이 된다.

이것을 방지하기 위해 고속회전용이나 중하중 기어에는 그림10. 4 (a)와같이 이끝까지 인볼류트 곡선으로 다듬질하는 것이 아니라 이의 면의 연삭이나 쉐이빙일때 치형수정을 해서 평행도(平行度)오차에 대해서는 (b)와 같이 이의 면에 크라우닝을 한다.

따라서 기어 설계의 단계에서 스코어링 한계하중까지 계산하여 적절한 치형수정을 한 것은 비교적 스코어링에 관한 트러블은 적다고 할 수 있다.

또 호브 내기 그대로의 기어는 치형수정을 하지 않은 이의 연삭, 쉐이빙 기어라도 초기의 가벼운 스코어링이라면 전술한 기어 수정법에 따라 어느 정도의 것은 방지할 수 있다.

다음에 이의 면의 윤활의 점에서 스코어링을 생각해보자.

윤활유의 선택에서 보면 고점도윤활유가 어느정도의 효과는 있으나 단

표10. 2　기어용 윤활유의 형식과 용도

	규 격	윤활유의 형	첨 가 제	용 도
I	제 1 종	보 통 형 (래귤러 타이프)	무첨가 증류광유 또는 잔사광유	저하중, 저속의 스퍼기어 베벨기어, 윔기어에 쓰이는 것이다.
II	(제 2 종)	위엄타이프	동식물성유지 또는 유성향상제	속도·하중이 가혹한 조건 밑에서 윔기어 및 기타의 기어(하이포이드기어를 제외)에 쓴다.
III	제 2 종	마일드 EP 파이프	납비누 또는 황산계 극압첨가제	조건이 가혹한 일반기계, 산업기계용 기어에 쓴다. (압연기어, 자동차의 트랜스미션, 데후기어등)
IV	제 3 종	EP 파이프 (멀티슈퍼 파스 타이프)	염소, 유황, 인계극압첨가제(또는 여기에 아연계첨가제를 가함)	하이포이드기어 및 극히 가혹한 조건밑의 기어에 쓴다. 고속, 고토오크, 충격하중에 겨딘다.

　지 이것만으로는 유막의 형성에는 더욱 높은 압력이 필요해지므로 그때문의 온도상승상 오히려 유막의 파단을 초래할 염려가 있어서 그다지 큰 기대는 할 수 없다.

　그보다도 극압(極壓)윤활유 또는 극압첨가제를 혼입하는 편이 스코어링 한계하중을 높이기에 효과적일 것이다.

　또 레귤러타이프의 윤활유에 이유화(二硫化)몰리브덴이나 기타 흡수성이 강한 금속미입자(金属微粒子)를 주제로 한 첨가제의 혼입도 유효하다.

　기어용 윤활유의 형과 용도에 관해 표10.2에 기입했다. 윤활유 메이커나 이 종류의 첨가제 메이커의 기술자를 불러 이의 면의 상태나 운전 조건을 말해서 제일 적합한 것을 선택하는 것도 한 방법이다.

2 - 5 기타의 트러블

　운전초기에 나타나는 제작, 조립상의 미스에 의한 것은 별도로 하고 이의 면의 손상분류 중에서「닳아 없어지는 마모」「과부하 마모」등의 이상마모의 현상은 보통 기어의 주속(周速)이 작아 이의 면사이의 유막구성이 곤란한 상태일때는 이의 면의 마찰계수가 커져 마모가 촉진된다.

이 마모는 장기간 운전후에 비로서 눈에 띄지만 마모가 커지면 소음은증가되고 이의 형태는 깨져 부하용량저하와 마모촉진이 서로 영향을 미쳐서 한충 더 진행 돼 간다.

이것은 윤활유의 선택과 보수로 어느정도 방지할 수 있다.

윤활유 속의 고형물의 제거, 적정점도의 선택, 기름의 열화에 의한 유막강도 저하의 방지, 윤활방법등, 보전기술상의 면에서 대처해 가야 한다.

또 기어의 트러블에서 때때로 마지하는 것은 어떤 날 돌연히 이가 절손될때가 있다.

이 파단면의 대다수는 이 밑의 부분에 일부 변색된 균열의 기점이 있고 그 다음의 파면(破面)에는 피이치 마아크(모래사장에 파도가 쳐 요철(凹凸)의 면)가 생겨 있다.

이것은 이면 담금질을 한 것이 많으나 소손분할(焼損分割)의 검사로서자기탐상(磁気探傷)또는 컬러 체크를 함으로써 미연에 방지한다.

특히 중요한 기어의 검사는 약간 비용이 들어도 자기탐상이 좋다. 컬러체크로 나오지 않는 크랙크라도 자기탐상으로 발견된 케이스는 꽤 많다.

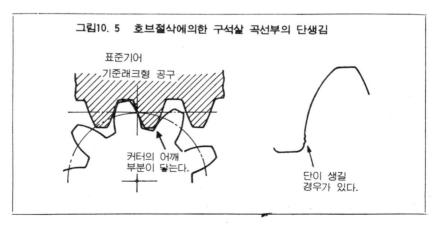

그림10. 5 호브절삭에의한 구석살 곡선부의 단생김

표준기어
기준래크형 공구

커터의 어깨
부분이 닿는다.

단이 생길
경우가 있다.

또 이의 면의 담금질의 유무에 관계없이 창성치절법 (創成齒切法)에 의해 만들어진 기어는 그림10.5와 같이 구석살 곡선부에 호브 내기 날등의 어깨부분으로 절삭된 단(段)이 생긴다.

이 단은 굽힘응력을 받았을 경우 너치효과로서 작용하여 파단의 기점이 될 수 있으므로 주의가 필요하다.

그와 같은 점은 신중한 기어 메이커의 제작도를 보면 도면의 주석으로서「특히 구석살 곡선부는 이내기, 연삭시 큰 R로 하여 단이 나지 않게 한다」라고 지정하고 있다.

③ 기어 제작시의 주의사항

보전부문에서 교체용 예비품으로서 기어를 주문하는 케이스는 엄밀히 말하자면 적을 것이지만 실제로는 많은 것이 실정이다.

그러므로 손상된 기어의 예비품을 만들때는 손상원인의 철저한 추구와 도면의 체크에 의해 개선할 점을 찾아내는 작업을 하지 않으면 안된다.

동일한 것을 만들어 동일조건으로 쓴다면 다시금 동일한 손상이 일어 난다는 것은 당연한 일이며 그래서는 보전부문의 기술향상은 바랄 수 없다. 여기서는 그와 같은 교체할 기어를 제작하는데 있어서 몇가지 주의사항을 쓰기로 한다.

3 - 1 기어의 지식과 취급기술의 향상

이것은 기어에 한한것이 아니라 보전기술이 설비의 고도화보다 처진다면 보전부문의 임무수행은 할 수 없다.

즉 설비의 고도화에 따라 보전성이 향상됐다고 해도 보전부문이 거기에 걸맞는 기술을 몸에 배게하지 않으면 진실한 보전성의 향상이라고는 할수 없다.

보전기술의 토대가 되는 것은 우선 기계요소의 기초적인 지식이지만 이책도 그와 같은 의미에서 종합했다.

그러나 기어의 경우에는 여기서 기술한 이상으로 더 많는 지식과 기술이 필요하다.

그래서 이것을 단서로서 실제의 여러가지 문제는 다른 참고서등도 이용해서 충분히 설명하고자 한다.

3 - 2 기어의 제작공정

기계요소 중에서 기어만큼 많은 제작공정을 거쳐 만들어지는 것은 그다지 없을 것으로 본다.

그림10.6에 그 대표적인 제작공정의 몇가지를 기입했다.

이와 같이 제작공정이 복잡하다고 하는 것은 그만큼 제작상의 기술관리도 힘들다고 하는 것이다.

더욱 또 하나 기어의 특수성으로서 기어의 전문메이커라 할지라도 이모든 공정을 자사(自社)에서 하고 있는 것이 아니라 이 중의 몇가지의 공정은 개개의 전문메이커에 주문하고 있는 것이 현상이다.

보통의 산업기계 메이커의 대다수는 기어를 외주(外注)하고 있다.

주문을 받은 기어 메이커는 재료를 자기부담이라면 우선 소재(素材)를구입한다. 그리고 주단조(鑄鍛造)가 필요하면 그것은 또 외주할 것이다. 선반가공, 이 내기는 자사에서 하드라도 담금질은 외주, 그 다음의 이의 면절삭도 외주할지도 모른다.

발주처에 납품된 기어는 그 조립에 있어서 기어 조립을 전문으로 하는작업자가 아니라 산업기계 일반의 작업자가 취급할지도 모른다. 또 조립공정에 외주가 들어가 있을지도 모른다. 여기서는 외주를 문제시하는 것이아니라 그 외주가 전문화된 기술을 충분히 활용하는 의미에서의 외주인지 아닌지 또한 그것에 따라 설계자의 의도가 사느냐 죽느냐의 문제인 것이다. 제일 큰 요소는 기계의 설계제작을 담당한 기술자의 기술력에 걸려 있으나 유저로서의 나의 경험으로 보면 큰 기계메이커에서도 크레임 체리시 담당기술자를 불러 원인담구등의 타협을 해보면 기술관리상의 미스는 때때로

그림10. 6 기어의 제조공정

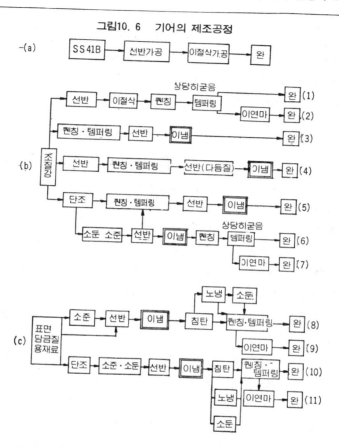

(주) ● (3)(4)(5)의 경우 이를 절삭한 다음 쉐이빙가공을 하면 정도(精度) 는 대단히 향상된다.

● 또 쉐이빙가공시 크라우닝, 이형수정도 할 수 있다.

● 치면의 퀜칭 경도는 조건에 따라 한마디로 말할 수 없으나 보통 호 브 이 내기의 가능한 경도는 SC재로 H_s 40, SCN재로는 H_s 45 정도 이다.

● 침탄 퀜칭은 H_s 70~75로해서 연마 마무리하는 것을 H_s 60정도로 억 제 해서 초경(超硬) 쉐이빙커터로 다듬질하면 비교적 쉽고 저소음, 고수명의 기어가 된다.

● 기타 더욱더 치면경도를 올리려면 이를 낸다음 질화 처리를 하는 수도 있다.

있다.

그러므로 적어도 보전기술자라면 기어뿐만 아니라 보전부품을 구입할 때는 상대방의 기술수준을 잘 알고 중요한 점에 대해서는 외주처에 적극적으로 가서 기술지도를 할 수 있을 정도가 아니면 참으로 좋은 보전부품을 손에 넣을 수 없다고 본다.

3 - 3 기어 제작도에 대해

교체용 기어를 제작할때 그것을 메이커나 평소 보전부품을 제작하는 철공소에 발주할 경우 혹은 자사에서 제작한다고 하드라도 반드시 기어 제작도가 필요하다.

그것은 우선 메이커에 도면을 청구하는 것이 빠른 길이다.

기계를 구입했을때는 기초도, 설치도, 조립구조도, 기어 다이어그램등은 당연히 메이커에서 제출되지만 그밖에 성능유지를 위해 교체부품의 부품도도 필요시마다 메이커에 청구하면 제출할 것이다.

단지 특별히 노우하우등이 얽혀 있을 경우에는 파아츠 리스트만 제출할 때도 있다.

그러나 기어 부품도와 기어 제작도는 별도의 것이라고 생각해야 한다.

규격의 기어 제도에서는 예컨대 수퍼어 기어의 부품도는 그림10.7이 표준이고 ※표는 반드시 기입하며 기타의 사항은 가능한다 기입한다라고 돼있다. 보통 이 ※표의 항목과 기어 경도(硬度)를 기입해 두면 필요한 기어는 만들 수 있다고 보는 기술자가 많다고 보지만 확실한 기어를 만들려면 이것만으로는 불충분하다.

보통 기어가 손상을 일으키는 원인의 대다수는 앞에서 기술한 기어제작 공정의 복잡성에 따라 일어난다. 여러가지 문제점의 검토를 잘 하지 않은 결과라고 본다. 그것들은

① 크라우닝의 요부(要否)와 그 치수

② 치형수정의 요부와 그 치수

③ 이의 면의 열처리의 종류, 깊이, 범위(특히 이의 저부(底部)에 대해)

그림10. 7 규격에의한 수퍼어기어의 부품도

단위mm

수퍼어기어				
기어책형	전 위	정 도		5급
공구	치 형	보통이	비고	전위계수	+0.55
	모 듈	6		상대기어 전위계수	0
	압력각	14.5˚		상대기어 잇수	50
잇 수		18		상대기어와의 중심거리	207.00
기준피치원직경		108		맞물림 압력각	17.42˚
이두께	걸 침	(걸침잇수=)		맞물림 피치원직경	109.59
	치형캐리버	(캐리버 높이:)		표준절삭깊이	13.20
	오우버핀지름	(핀지름구슬지름 9.525)		백러시	0.20~0.30
다듬질방법		호 브 절 삭			

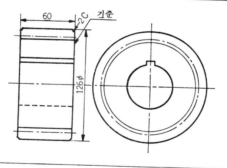

60 2-C 기준
126φ

及 경도측정의 부위·기록

④ 열 처리후의 소손(燒損) 검사방법 및 성적표

⑤ 이의면의 정도(精度)와 적용 오차의 종류(예컨대 백러시와 인접 피치 오차만을 대상으로 하는둥)

⑥ 구석 살 곡선부의 형상에 대한 주의사항

⑦ 연삭 손상방지에 관한 사항

⑧ 이의 면따내기, 방법, 범위에 관한 사항

등을 들 수 있으나 이것들의 주의사항을 필요에 따라 선택표시한 것이

기어의 제작도이다.

어느 항도 기어초기의 트러블은 물론 손상원인을 추구할때 검토하는 사항이다.

교체용 기어를 제작할 경우에도 이것들의 사항을 충분히 체크해서 주문처에도 잘 설명하고 납득시켜 계약해야 한다.

또 이것들의 하나하나의 사항에 대해 기술적으로 이해하고 있는 것같은 반응을 나타내는 업자가 아니면 신뢰할 수 있는 기어를 안심하고 제작시킬 수 없을 것이다.

11 체인을 거는 방법과 스프로켓의 중심내기 방법

① 알아두어야 할 체인 전동의 지식

체인 전동은 벨트나 로우프 전동과 같이 마찰을 이용하지 않으므로 기어 전동과 함께 미끄러짐이 없는 전동이라고 할 수 있다.

이것은 기어를 이용하려면 축간(軸間)거리가 지나치게 길어 대략 4 m 이내의 비교적 짧은 축 사이에서 속도도 그다지 크지 않을때 쓴다.

큰 특징으로서는 미끄럼이 없으므로 속도비는 정확해서 큰 동력을 전달할 수 있으나 최근의 품질, 성능의 향상에 의해 자동차, 선박 내연기관등에도 널리 쓰인다.

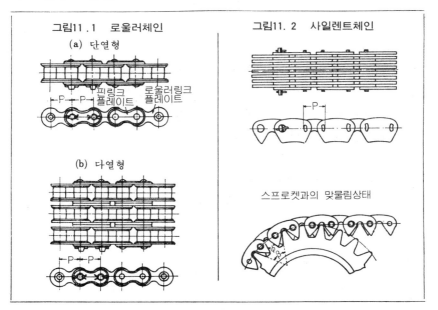

그림11 .1 로울러체인
  (a) 단열형
피링크 로울러링크
플레이트 플레이트
  (b) 다열형

그림11. 2 사일렌트체인

스프로켓과의 맞물림상태

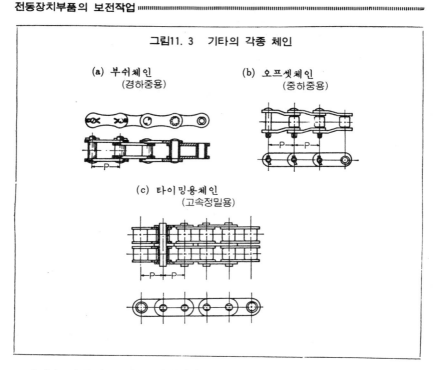

그림11. 3　기타의 각종 체인

(a) 부쉬체인
(경하중용)

(b) 오프셋체인
(중하중용)

(c) 타이밍용체인
(고속정밀용)

체인을 분류해 보면 동력전달용으로서 그림11.1(a)는 단열형(単列形)로 울러 체인, (b)는 복열형(復列形)로울러 체인이고 어느것도 중, 고하중용 이다. 또 그림11.2는 사이렌트 체인이라고 하는 것이며 특수한 형상의 링크 플레이트를 로울링 마찰식 핀으로 연결하고 링크 양단의 경사면이 스프로켓의 이에 밀착하여 피치가 늘어나도 치면에 밀착되는 작용은 변하지 않아(이의 약간 외축에서 맞물린다)소음이 적다.

그 밖에 고, 저속 경하중, 토건 기계용등에 쓰이는 각종 체인의 일부를 그림11.3에 들어둔다.

2 체인 스프로켓의 중심내기 방법

기계의 전동축은 보통 수평 또는 수직이고 서로 연동하는 것은 거의 모

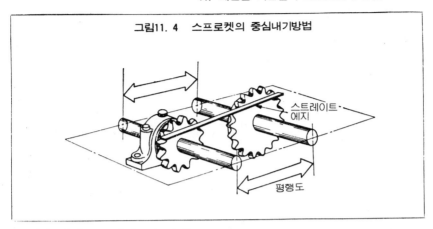

그림11. 4   스프로켓의 중심내기방법

든 경우 평행으로 부착 돼 있다.

체인의 경우도 적어도 2축을 포함한 평면상에서 두개의 축이 평행이 아니면 체인 전동을 할 수 없다.

또 스프로켓은 그 2축을 포함한 평면에 대해 동일 수직면상에 있어야 한다.

이것들의 체크방법은 그림11.4와 같은 방법으로 한다.

우선 스프로켓이 동일 평면상에 있는가 없는가는 그림과 같이 스트레이트에지를 대고 조사한다. 1m이상의 거리가 있으면 끈을 치고 확인 한다.

그 정도로는 충분하지 못한 복잡한 부분이나 거리가 있을 경우에는 광학(光学)레벨, 트랜시트를 활용하는 연구가 필요하다.

또 축의 수평도는 기포식수준기(気泡式水準器)로 확인할 정도면 되고 또한 축의 평행도는 노니우스, 내경(内径)파스등으로 확인한다.

③ 체인을 거는 방법

3 - 1 체인을 푸는 방법

연결 된 체인에는 반드시 그림11.5(a)(b)와 같은 이음 링크가 붙어 있다. 링크 플레이트는 보통 검게 착색(파아카라이징 처리)방청이 돼 있으나 정

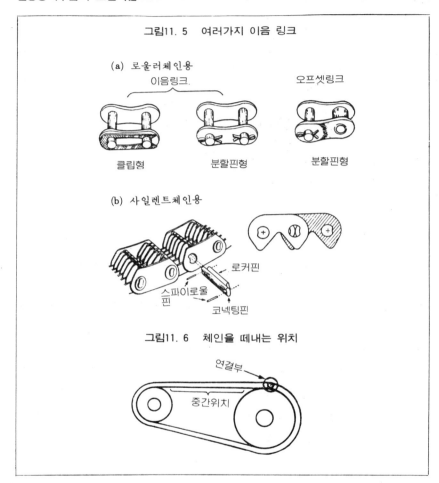

그림11. 5   여러가지 이음 링크

(a) 로울러체인용
이음링크.   오프셋링크

클립형   분할핀형   분할핀형

(b) 사일렌트체인용

로커핀
스파이로울핀
코넥팅핀

그림11. 6   체인을 떼내는 위치

연결부
중간위치

도가 좋은 이음이 되면 금색등으로 착색해 보아서 알기쉽게 한 것도 있다.
　체인을 풀 경우에는 연결부로 돼 있는 이 이음 링크를 그림11.6의 위치
에 갖고와 링크의 클립 또는 분할핀을 빼면 핀 링크 플레이트는 손끝으로
가볍게 뺄 수 있다.
　이음 링크가 스프로켓을 지나 그림11.6과 같은 중간위치에 있을 경우에
는 당기는 힘이 걸려 있으므로 풀기가 힘들다.

또 특히 주의할 것은 체인을 풀었으므로 축이 공전해서 생각치도 않은 사고가 생긴다. 그 점 축을 확실히 고정해 두는 것이 중요하다.

3 - 2 긴 체인을 짧게 하는 방법

긴 로울러 체인을 적당한 길이로 짧게 하는 작업도 보전현장에서는 때때로 행하여 진다.

그러기 위해서는 우선 체인의 구조를 알아두어야 한다.

로울러 체인은 그림11.7과 같이 제일 마지막의 핀의 양단이 코오킹에 의해 고정 돼 있다.

체인은 당금질 돼 있으므로 톱으로는 절단되지 않는다. 또 그라인더로 깎아도 다시 쓸 수 있게끔 분해할 수 없다.

그러므로 그림11.8과 같이 쓰지 못하는 너트등을 놓은 위에서 마음껏 핀을 해머로 때린다.

이와 같이 하면 핀의 코오킹 부분이 플레이트 상면까지 빠진다. 다음에는 핀 펀치로 때려서 빼면 된다.

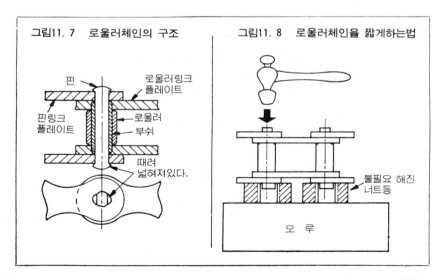

| 그림11. 7　로울러체인의 구조 | 그림11. 8　로울러체인을 짧게하는법 |

핀
로울러링크 플레이트
핀링크 플레이트
로울러
부쉬
때려 넓혀져있다.

불필요 해진 너트등
모 루

체인 메이커에서는 체인 커터라고 하는 때리지 않아도 되는 공구를 팔고 있으므로 이것을 이용해도 될 것이다.

여기서는 로울러 체인을 예로 했으나 사일렌트 체인도 핀에 와셔를 넣고 양단을 코오킹 했으므로 거의 같은 요령으로 생각한다.

또 체인을 짧게한다는 것은 그림11.1을 봐도 알 수 있듯이 2 피치분을 가감하게 된다.

이 2 피치로는 길이에 과부족이 생길때는 그림11.5(a)와 같은 오프셋 링크를 쓰면 1 피치분으로 가감할 수 있다. 사일렌트 체인에도 같은 오프셋 링크가 있다.

단 1 피치 이내의 길이는 체인의 구조상 조절할 수 없다.

3 - 3 체인을 거는 방법

체인을 걸 때는 그림11.6에서 설명한 "체인을 푸는방법"과 거의 반대의 순서로 작업을 한다.

이 경우 무리하게 체인을 잡아 당겨 건다는 것은 피하지 않으면 안된다.

오프셋 링크를 쓰면 1 피치 이내의 조절도 되므로 이것들의 이음링크를 관통시켜 임시 고정시켜 체인의 느슨함을 조사하면서 해야 한다.

이 경우 축 사이의 거리에도 따르지만 그림11.9의 느슨한 측을 손으로

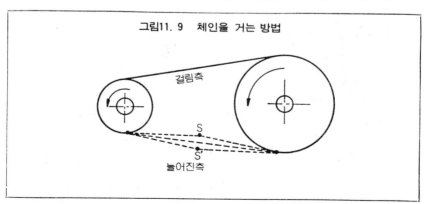

그림11. 9   체인을 거는 방법

눌러보고 S-S′가 체인 폭의 2~4배 정도면 적당하다.

건 다음에는 실제로 운전해 보고 느슨한 측의 체인이 불규칙하게 파도치치 않으면 양호하다.

또 축 사이의 거리가 1 m 이상인 것이나 체인을 수직으로 걸거나 중하중에서의 기동정지나 역전이 있는 것은 통상의 1/2정도로 심하게 걸지 않으면 안된다.

또한 오프셋 링크만의 조절로는 아무래도 불충분한 경우에는 타이트너를 만들어 건다.

이 타이트너에는 로울러 체인에서는 안쪽에서 스프로켓으로 걸고 사일렌트 체인에서는 안쪽에서는 스프로켓으로 바깥쪽일 경우는 두개의 턱이 달린 로울러를 쓰든가 또는 평행(平形)누르기 가이드 판을 바깥쪽에서 쓴다.

4 체인의 윤활에 대해

체인과 스프로켓의 보전의 포인트는 스프로켓의 정확한 중심내기, 체인의 정확한 걸기와 윤활에 있다.

체인의 경우 그리이스 윤활로는 불충분하므로 윤활유를 쓰지 않으면 안된다.

보통 체인 전동부의 윤활방법은 표11.1과 같이 네가지 형식이 있다. 개개의 형식의 득실과 급유량에 대해 분류했다.

표11. 1 체인 급유법의 분류

급유형식	급 유 법 과 득 실		급 유 량
I	손치기급유 (저속용)	체인의 늘어진측의 안측에서 핀, 로울러링크의 틈새를 향해 엔진래퍼 또는 브러시로 급유한다. 회전중에는 위험하므로 손돌리기, 인칭운전해서 급유한다. 부근에 기름이 튀어서오염되고, 바닥면이 미끄러움등 위험성이 많으며 공해방지상 좋은법은 아니다.	매일아침 기동시 운전원이 첸인을 점검하여 핀, 로울러부가 건조돼 있지 않을정도로급유한다.

II	적하급유 (저속용)	간단한 케이스를 써서 오일러에서 적하시킨다. 핀, 로울러링크부에 떨어지게 연구한다. 케이스안에 남은 기름을 정기적으로 빼낼것	매일아침 기동시에 운전원이 오일러스핀들을 세워서 1분간에 5~10방울정도 떨어지게 한다.
III	유욕윤활 (중, 저속용)	기름이 누설되지 않는 케이스를 쓰며 스프로켓하부를 기름속에 넣어둔다. 유량감소에 주의가 필요	체인이 기름속에 잠겨있는 부분, h=6~12mm로 한다. 유량이 지나치게 많으면 열화가 빠르다.
	회전판에의한 윤활 (중, 고속용)	기름이 누설되자 않는 케이스를써서 회전판을 부착해서 비말을 받아 적하함. 회전판의 주속은 200m/분 이상이 필요, 체인폭이 125mm이상인 경우는 회전판을 스프로켓 양측에 부착한다. 급유법으로서는 거의 완벽하다.	체인은 기름에 잠기지 않는다. 회전판은 기름속에 잠기고 h=12~25mm로한다.
IV	강제펌프윤활 (고속, 중하중용)	기름이 누설되지 않는 케이스를 써서 펌프에의해강제순환시킨다. 다열체인에는 개개의 폴레이트부에 급유하게끔 급유구를 설치한다.	1 급유구에 대한 급유량의 개략 <table><tr><td>체인속도 m/분</td><td>급유량 ℓ/분</td></tr><tr><td>500~800</td><td>1.0~2.5</td></tr><tr><td>800~1,100</td><td>2.0~3.5</td></tr><tr><td>1,100~1,400</td><td>3.0~4.5</td></tr></table>

표11. 2 윤활유의 점도

급유형식 체인 크기	I . II. III				IV			
주위온도	−10°C ~ 0°C	0°C ~ 40°C	40°C ~ 50°C	50°C ~ 60°C	−10°C — 0°C	0°C ~ 40°C	40°C ~ 50°C	50°C ~ 60°C
피치 16mm이하	SEA 10	SAE 20	SAE 30	SAE 40	SAE 10	SAE 20	SAE 30	SAE 40
〃 25 〃	SAE 20	SAE 30	SAE 40	SAE 50	SAE 10	SAE 20	SAE 30	SAE 40
〃 32 〃	SAE 20	SAE 30	SAE 40	SAE 50	SAE 20	SAE 30	SAE 40	SAE 50
〃 38 이상	SAE 30	SAE 40	SAE 50	SAE 60	SAE 20	SAE 30	SAE 40	SAE 50

이와 같이 각종의 급유방법이 있으나 I . II에서는 대략 6 개월마다 또 III. IV에서는 1 년마다 체인을 떼내고 세정(洗浄)점검하여 케이스 속의청소, 기름 교환등을 해야 한다.

이것들을 확실히 하면 체인의 수명을 한층 더 길게할 수 있다.

또한 윤활유의 점도에 대해서는 체인의 대소, 속도, 주위온도등에 따라 틀리지만 표11.2를 참고로 선택하면 된다.

12 최근의 벨트의 경향과 취급의 포인트

벨트 전동은 앞의 항에서 기술한 체인 전동과는 달리 벨트와 푸울리 사이의 마찰력을 이용하므로 미끄러지기 쉬운점이 결점이다.

또 평 벨트는 폭이나 두께에 제한이 있고 대용량 전동에는 좋지 않으며 V벨트, 로우프는 마찰에 의해 접촉위치가 변하므로 속도비(速度比)의 틀림이 문제가 된다.

그러나 반면 그것들은 과하중(過荷重), 충격하중에 대해 쿠션의 역할을 다 하는 면도 있고 기구의 간편함과 싸다는등도 합쳐 예컨대 V벨트등은 일반산업기계에서의 감기 전동기구로서 단연 그 주류를 차지하고 있다.

또 연료면에서는 종래의 가죽, 천연섬유, 천연고무등도 우수한 면을 갖고 있으나 기계의 고도화, 고속화와 함께 차차 그 모습이 사라지고 합성수지, 합성고무가 이에 대신해서 새로운 재료, 구조, 형식의 것이 나타나 한층 더 고성능화돼가고 있다.

여기서는 이들의 새로운 재질, 구조의 벨트의 특징이나 푸울리의 평행도, 중심내기등 보전상의 포인트를 간추려 본다.

① 최근의 평 벨트의 성능

평 벨트도 지난 날에는 가죽이나 천이 들어간 고무 벨트를 쓴 벨트 전동의 대표적인 것이었으나 현재는 원동부의 동력전달의 자리를 V벨트에 양보하고 새로운 재질과 구조에 의해 고속, 정밀전동 방향에 있다.

그 대표적인 것의 하나로서 그림12.1과 같이 벨트 항장체(抗張體)에 나일론시이트 또는 나일론, 폴리에스테르 섬유의 연사(撚糸)를 쓰고 푸울리와 접촉해서 마찰을 받는 부분에 크롬 가죽을 붙인 것이 있다.

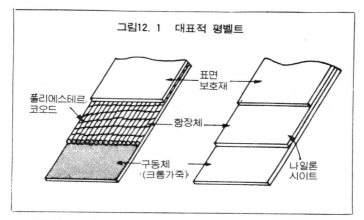

그림12. 1 대표적 평벨트

표면 보호재

폴리에스테르. 코오드

항장체

구동체 (크롬가죽)

나일론 시이트

이것은 가죽의 큰 마찰계수와 합성수지의 강인함을 갖고 있고 최대 주속 (最大周速)100m/sec나 된다.

부착할 때의 기준장력은 약 2 %정도의 늘어남을 봐두지만 최종적으로 는 사용조건에 따라 경험적인 장력을 찾아내서 쓰면 1.5～2 년 이상의 수 명을 유지할 수 있다.

단지 항장체에 늘어남이 적다고 하는것은 푸울리의 평행도를 좋게 하고 벨트를 접속할 때의 중심을 확실히 해두지 않으면 운전중에 벨트가 한편으 로 치우치거나 빠져나오는 원인이 되며 때에 따라서는 거의 쓸 수 없게 될 때도 있다.

또 푸울리에 종래의 가죽벨트와 마찬가지 감각으로 크라우닝을 하여 치 우침을 방지하려 해도 오히려 항장체를 열화시킨다.

생각하는 방법에 따라서는 오히려 기계전동부의 기본적인 정도(精度)를 다시 봐서 유지향상시키는 기회이기도 하다.

② V벨트의 보전의 포인트

최근의 V벨트도 재질, 구조, 형상이나 사용조건등이 차차 다양화되어 각 메이커에서는 각각 특징이 있는 것을 만들고 있다.

규격의 단면치수와 비교적 자주 쓰이는 것을 그림12.2에 종합해 보기로

그림12. 2 여러가지 V벨트

(a) 규격

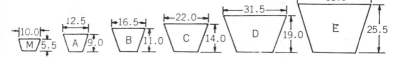

(b) V벨트의 구조예

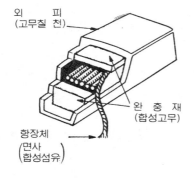

외 피
(고무질 천)

완 중 재
(합성고무)

항장체
(면사
합성섬유)

(c) 다축전동이 가능한 양면형 로우프의예

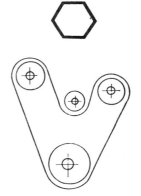

(d) 평 벨트에 다수의 V형 리브를 가진 벨트

길이가 맞지않을 염려가 없고
평벨트와 V벨트의 장점을 겸
비하고 있다.

(e) 접속형 V벨트

엔드레스가 아니고 자유로
이 절단 접속해서 쓴다.
경하중용

한다.

원래 V벨트는 축 사이의 거리가 작고 속도비가 클 경우라도 미끄럼은 적으며 정숙하고 충격을 완화하는 작용도 있고 수명도 길며 장소도 넓게 잡지 않는다. 또한 마찰계수가 클뿐만 아니라 푸울리에 감겼을 때는 V벨트의 안쪽이 넓어져 푸울리 홈의 안쪽에 밀착해서 충분한 마찰이 생기고 또 푸울리에서 무리없이 떨어져 비교적 작은 인장력(引張力)으로 큰 회전을 줄 수 있다고 하는 특징이 있다.

성능이 향상된 현재, 감기 전동 중에서는 가장 보전의 수고가 적은 대표적인 것이라고 할 수 있다.

이하에 보전상의 포인트에 대해 쓰기로 한다.

(1) 2줄 이상을 건 벨트는 균등하게 처져 있을 것. 같은 메이커라도 제작연도의 차나 다른 메이커의 물품을 병용하면 거는 정도에 틀림이 있을 경우가 있다.

(2) 푸울리의 홈 마모에 주의할 것 홈 상단과 벨트의 상면은 거의 일치 돼 있다. 벨트가 어느 정도 밑으로 내려가 있는 것은 홈이 마모 돼 있는 증거이다. 홈 저면이 마모되어 번뜩이는 것은 틀림없이 슬립한다.

(3) V벨트는 합성고무라 해도 장기간 보관하면 당연히 열화된다. 많은 보전부품을 구입연월을 명확히 하고 오래된 것부터 쓰는 것도 실제로는 힘든 일이지만 연구가 필요하다.

메이커는 2～3년이 한도라고 하지만 경험적으로는 5년간을 한계로 하고 있다. 5년 이상이나 쓰지 않는 것이라면 처분하는 편이 부품관리상 좋을 것이다.

(4) V벨트 전동기구는 설계단계에서 벨트를 거는 구조가 돼 있다. 원동부에서는 예컨대 전동기(電動機)의 슬라이드 베이스나 이동할 수 없는 축 사이에서는 그림12.3과 같은 텐션푸울리를 쓴다.

벨트 수명을 이론적으로 보면 정(正)텐션 쪽이 옳다고 보지만 실제로는 구조가 간단한 반대 텐션이라도 큰 차는 없다.

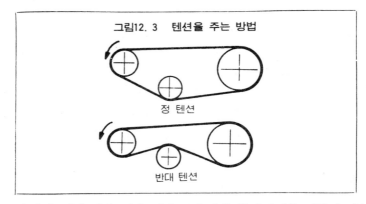

오히려 이와 같은 경우 텐션 로울러의 중심내기를 정확히 하는 것이 벨트 수명에 영향을 미친다.

③ 타이밍 벨트의 취급의 요점

3 - 1 타이밍 벨트의 특징

타이밍 벨트(메이커에 따라 호칭명이 다를때가 있다)는 약 30년 전에 미국에서 개발된 것이며 그 원리는 그림12.4와 같이 인터널 기어 대신 이에 해당하는 돌기를 지닌 고무 벨트로 만들어져 있다.

이것은 약 15년전부터 수입한 산업기계에서 보이게끔 되어 현재까지 이르렀다.

최근에는 가정용 전동 미싱, 테이프 레코오더, 레코오드 플레이어, 콤퓨터등의 소형 정밀기계로부터 산업기계의 동력 전동부에 이르는 넓은 범위의 정밀고속전동에 쓰인다.

이것도 일종의 고무 평 벨트이므로 항장체에는 스틸 코오드나 글라스 파이버 코오드가 쓰여져 늘어남이 대단히 적고 한번 푸울리에 세트하면 그 이후의 조정은 거의 불필요하다.

그러나 한줄의 코오드를 나선상으로 감아 고무로 싸서 정형 돼 있으므로 예컨대 2축 사이의 평행도의 틀림이 없어도 다소 옆으로 치우치는 성

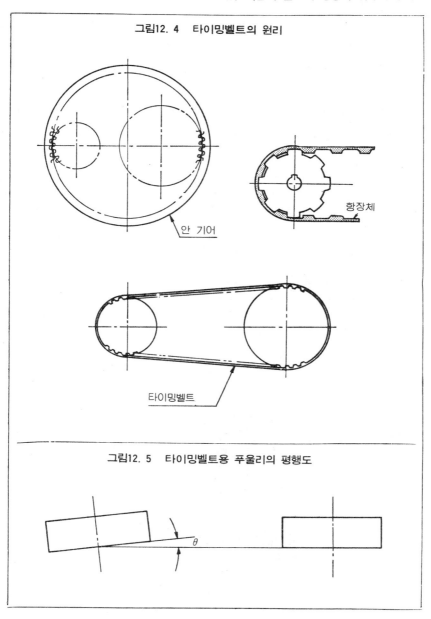

그림12. 4 타이밍벨트의 원리

안 기어

항장체

타이밍벨트

그림12. 5 타이밍벨트용 푸울리의 평행도

θ

질이 있어서 구동축 푸울리에 사이드 플랜지를 부착해서 쓴다.

축의 평행도에 대해서는 메이커의 기준에서는 오차 3부 이내로 지정돼 있다. 그림12.5와 같이 tan θ 로 계산하면 1,000mm사이에서 1 mm의 오차가 된다.

이것을 기계가공상으로 보면 보통의 보오링 가공의 정도(精度)에 가깝고 산업기계의 구조에 따라서는 무리한 경우도 있다.

3 - 2 중심내기 방법

고가인 타이밍 벨트(전동정도(伝動精度), 효율 스페이스 등으로 일괄해서 말할 수 없으나 V벨트의 약 10배)를 몇일에서 몇주일 사이에 마모, 절단시킨 케이스가 있다.

그러므로 V벨트 전동의 정도(精度)보다 약간 위의 정도(程度)로 타이밍 벨트를 쓸 수 있는 중심내기 방법을 소개한다.

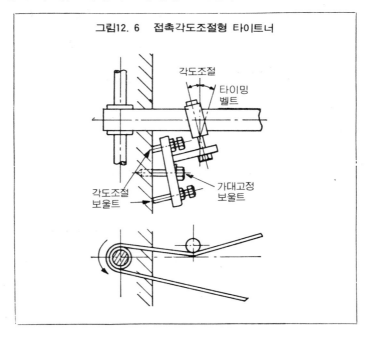

그림12. 6   접촉각도조절형 타이트너

(1) 타이밍 벨트도 V벨트와 마찬가지로 정(正)텐션을 기본으로 하고 있다. 그러나 그러기 위해서는 텐션 푸울리는 타이밍 푸울리를 써야 하고 또 한 3축 평행이 필요하므로 더 한층 중심내기는 힘들어 진다.

(2) 그러나 이것도 평 벨트의 일종이므로 반드시 반대 텐션을 부정할 필요는 없다.

(3) 그래서 그림12.6과 같이 간단한 원통형의 텐션 푸울리를 써서 벨트의 도피방향에 '따라 접촉각도가 조절되는 가대(架台)를 실치하여 푸울리의 스파이럴 작용에 의해 벨트의 도피를 방지하게끔 반대 텐션을 준다.

(4) 이 방법은 대단히 불합리해서 벨트의 뒷면을 마모시킬 것으로 보지만 의외로 유효하게 작용한다.

이 부분은 기동하면 곳 벨트가 빠져 나갈 정도로 평행도가 어긋나 있었으나 다른 부품과의 괴계로 이 이상 조정한다는 것은 불가능하며 조정하더라도 벨트 수명은 3개월이라고 하는 소위 보전맨을 울릴 정도이다.

그러나 이 장치를 씀으로써 1년 이상의 벨트 수명이 된 예도 있다.

(5) 또한 이 벨트에서 스틸 코오드 항장체의 것은 고무의 부분이 마모돼도 스틸 코오드는 마모되지 않고 튀어나와 대단히 위험을 동반하므로 안전상 가능한대로 사용을 피하는 편이 좋을 것이다.

13 브레이크의 조정과 클러치의 정비

브레이크나 클러치는 기계요소 중에서도 특히 기계의 움직임을 제어하는 역할을 갖고 있다.

그 중에서도 브레이크는 기계의 회전(운동)을 감속, 정지시키기 위해 그 운동에너지를 다른 에너지로 변환시키는 장치이기도 하다.

보통 쓰이는 것은 마찰 브레이크이고 발생된 마찰열을 방산(放散), 소비하는 일종의 열교환기이기도 하다.

그 기능을 다 하기 위해 브레이크 윤(輪)과 브레이크 편(片)을 조합한 것, 브레이크 판을 쓰는 것, 또 유체나 분체등도 쓰이지만 전혀 마찰을 동반하지 않는 와전류식(渦電流式)등도 있다.

어느것도 에너지는 최후에는 열이 되어 발산된다.

한편 클러치는 알다시피 기계의 회전운동을 접속, 이탈 하는 장치이다.

기계의 자동화, 고도화와 함께 이것들의 브레이크나 클러치는 더 한층 고성능화 되어 최근의 전기식(마찰, 와전류를 불문하고)의 것은 많은 메이커가 각각 특징이 있는 것을 만들고 있다.

그것들은 또 경쟁상 각 메이커마다 세밀한 카탈로그, 취급자료등을 내고 있으므로 어느정도는 활용할 수 있게 돼 있다.

그러나 산업기계에는 이들 최신의 클러치나 브레이크 외에 구조상의 분류로서 블록 브레이크나 밴드 브레이크, 맞물림 클러치등(인력, **전자(電磁)**, 기름공압(油空圧)을 불문하고), 간단확실하고 기본적인 것이 아직도 쓰이고 있는 것도 사실이다.

그러나 이것들 기초적인 것에 대해서는 의외로 취급, 보전상의 자료도 적으므로 급할때 곤란할 경우도 있다.

그러므로 지금은 마찰이나 열에 관한 이론이나 계산은 별도로 하고 이것들 기본적인 브레이크, 클러치를 대상으로 실제적. 문제를 풀어보자

①블록 블레이크의 형식과 조정방법

1 - 1 블록 블레이크의 두가지 양식

밤의 전차가 바퀴의 부분에서 불꽃을 내면서 플랫폼에 들어온다. 또 서부극에서 역마차의 차부가 힘이 있는대로 말 고삐를 당겨서 마차를 멈추고 있다.

그때의 브레이크가 블록 브레이크인 것이다.

이것들 차량용으로 많이 쓰이는 것은 그림13. 1 (a)의 단식 블록브레이크이다.

이것은 그림에서도 알 수 있는 바와 같이 축에 굽힘의 힘이 가해지지만 차축은 원래 굽힘에 강한 구조로 만들어져 있으므로 간단하고 확실한 방법으로서 이용되고 있다

한편 산업 기계에서는 브레이크 빈도(頻度) 나 축의 기능상 그림13. 1 (b)

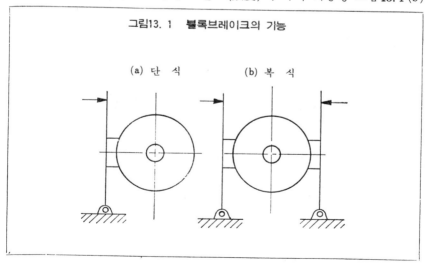

그림13. 1 블록브레이크의 기능

(a) 단 식   (b) 복 식

와 같은 복식구조의 것이 많이 쓰인다.

1 - 2 복식 블록 브레이크의 조정

기계산업에 많이 쓰이는 대표적인 전자 (電磁) 복식 블록 블레이크의 구조를 그림 13. 2에 나타냈다.

이것은 축에 브레이크 윤를 달아 제동할 뿐만 아니라 대형, 고속회전체를 직접 제동할 경우에 쓰이고 동력원으로 기름, 공압 (空圧)을 썼다고 해도 기본기능으로서는 거의 변함이 없다.

이 그림은 지금 브레이크가 개방돼 있는 그림이며 l 의 마그넷에 통전 (通電) 됐을 때 j의 철심 (鉄心) 이 흡인 (吸引) 되어 개방되는 구조이다. 따라서 브레이크 힘이 되는 것은 스프링 힘이라는 것을 알 수 있다.

그림13. 2 복식전자 블록브레이크의 구조

a : 브레이크암　f : 브레이크레버　K : 고정침실
b : 브레이크슈　g : 브레이크스프링　l : 마그넷
c : 브레이크라이닝 h : 스프링너트　m : 아암개도조절보울트
d : 브레이크휠　i : 브레이크개도조절너트　n : 슈개도조절보울트
e : 브레이크롯드　j : 흡인철심

그러므로 전자력이나 기름, 공압 어느거나 그 동력원이 정전이나 고장으로 사고가 있을 경우 곧 브레이크가 작동해서 기계를 정지시킬 수 있다.

이와 같은 생각방법이나 사용방법을 페일세이프, 안전측으로 작용한다고 해서 안전장치나 제어회로의 작동상 특히 산업기계에서는 중요한 것이다.

다음에 이 종류의 브레이크를 정확히 작동시키기 위한 조정의 포인트를 종합해 본다.

① 마그넷 만에 통전(通電)해서 개방상태를 확인한다. 브레이크아암 의 좌우의 열림이 불일치하면 m의 조정 보울트에 의해 일치시키며 예컨대 300mm Ø 정도의 브레이크휠이면 센터에서 약 2mm열리게 한다.

② 그때 b의 블레이크 슈의 상부 또는 하부가 휠에 접촉되면 n의 보울트로 조정한다.

③ 다음에 마크넷의 통전을 끄고 블레이크를 넣어 본다. 이때 마크넷부의 바깥측의 네임플레이트에 표시된 흡인철심(吸引鉄心)의 이동량이 그 범위안에 있는가 없는가를 스케일등으로 측정한다.

④ i의 너트를 휠 측으로 죄가면 철심이동량은 증가하고 반대로 하면 이동량은 감소된다. 일단 정규 이동량의 70%정도를 가늠으로 한다.

⑤ 다시 한번 통전해서 브레이크 각부의 열림, 좌우의 균등을 확인한다. 이동철심이 고정철심에 밀착돼 있지 않으면 소리, 진동등이 생긴다.

⑥ 다음에는 기계를 운전해서 정규의 브레이크를 넣어 본다. 바라는 제동시간을 충족시키지 못하면 h의 스프링 너트를 약간씩 죄어 당기고 몇번 반복해서 소정의 브레이크 강도를 구한다.

⑦ 그러나 스프링 너트를 죘을때 이동철심의 움직임이 둔해지는 것은 지나친 죔 때문이며 이 브레이크의 한도로 보면 된다.

⑧ 특히 전자식일 경우는 흡인력(吸引力)에 한도가 있어서 철심의 이동량은 가능한대로 작게한다. 이것은 자력의 강도는 철심의 이동거리의 2승에 반비례하는 법칙이 있기 때문이며 그러기 위해서는 브레이크 슈와 휠의 틈새를 최소로 한다.

이상 전자식을 예로 하여 기술했으나 기름, 공압도 꼭 같으며 유압, 공압으로 브레이크를 여는 것이 원칙이다.

반복하지만 작동력이 되는 부분의 이동량이 적을수록 브레이크로서의 응답성이 좋아진다. 그러므로 특히 m, n의 아암, 슈등의 개도(開度)조정 보울트를 항상 정밀하게 조정해 두는 것이 브레이크 성능유지의 포인트이다.

또한 기계에 맞춰 만들어진 블록 브레이크에는 때로는 m, n의 조정기능이 붙어 있지 않은 것을 볼 수 있으나 필요불가결한 기능이므로 연구하여 부착하기 바란다.

② 밴드 브레이크의 형상과 성능

이것은 띠 브레이크라고도 하며 극히 간단한 것은 강대(鋼帶), 피대(皮帶), 로우프등이 쓰이지만 보통 강대에 브레이크 라이닝등을 해서 쓴다. 특히 이 브레이크는 형상과 회전방향의 조합에 의해 브레이크가 잘 듣는지 못듣는지의 상태에 큰·차가 생긴다.

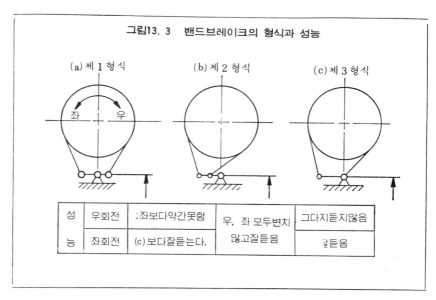

그림13. 3 밴드브레이크의 형식과 성능

성능			
우회전	;좌보다약간못함	우, 좌 모두변치 않고잘듣음	그다지듣지않음
좌회전	(c)보다잘듣는다.		잘듣음

블록 브레이크에도 약간 그 경향은 있으나 큰 차가 없으므로 쓰지 않았으나 예컨대 밴드 브레이크 달림의 자전거를 언덕 중간에서 멈췄을때 뒤로 미끄러져 내려가는 것을 경험했을때가 있다고 본다. 자전거는 이것으로서 좋으나 이것이 한방향만 듣는 예이다.

그림 12.3에 몇가지 대표적 형식을 들고 브레이크의 상태의 개략을 종합해 봤다.

밴드 브레이크는 간단히 만들어지므로 손쉽게 쓰이지만 틀린 사용 방법으로 노력을 허비하거나 에너지가 소비되는 일은 없는지.

다시 한번 보고 정확히 쓰는 연구를 하는 것이 좋다.

③ 브레이크 라이닝의 부착

브레이크의 마찰면은 마찰계수가 높은, 마모가 적은 재료가 조합 돼 있다. 브레이크 윤은 주철, 주강, 강이 쓰이며 브레이크 측에는 목재, 가죽, 주철, 석면직포등이 쓰인다.

간단한 것은 목제의 슈에 가죽, 석면포를 못으로 쳐도 되지만 본격적으로는 금속 슈에 석면직포의 브레이크 라이닝을 정으로 고정시키고 있다.

또 최근의 접착제의 발달과 함께 이 부분에 접착제가 쓰이게끔 된 것이다.

이폭시 수지계 접착제를 쓰면 정으로 고정하기 보다 간단하며 라이닝의 두께의 거의가 마모될때 까지 쓸 수 있으므로 경제적이다.

그림 13.4에 그 한 예를 들었다.

밴드 브레이크도 같은 방법으로 할 수 있으나 특히 정으로 고정시킬 때는 브레이크 고리에 부착했을때와 같은 형의 상태로 정으로 고정시키지 않으면 밴드 쇠장식과 라이닝이 떠올라 실패하게 되므로 주의한다.

또 브레이크 윤도 마모돼서 줄이 생기거나, 뜯어져 나오거나 한쪽만 줄어서 오히려 라이닝을 마모시키기 쉬우므로 때로는 다시 깎지 않으면 안된다.

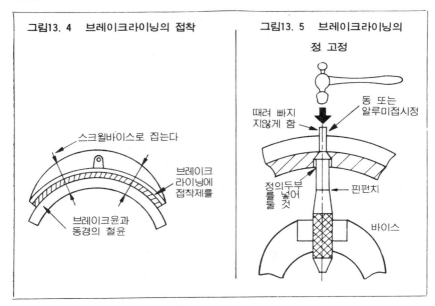

그림13. 4 브레이크라이닝의 접착

스크월바이스로 집는다

브레이크
라이닝에
접착제를

브레이크윤과
동경의 철윤

그림13. 5 브레이크라이닝의
정 고정

때려 빠지
지않게 함

동 또는
알루미접시정

정의두부
를넣어
둘 것

핀펀치

바이스

④ 맞물림 클러치의 사용방법

맞물림 클러치는 여러가지 이의 형을 가진 한쌍의 보스로 이루며 구동축
과 피동축을 필요에 따라 연결하거나 분리시킨다.

이것은 비교적 빈도가 적은 곳에 쓰이지만 확실하고 간단하므로 아직도
많이 쓰인다.

작동도 사람의 힘으로 하는 것부터 기름, 공압작동시키는 것 까지 있으
나 전자식은 그다지 볼 수 없다.

표13.1에 그 이의 형의 형상과 사용조건을 종합했다.

4 - 1 점검과 정비

이의형은 대단히 간단하며 그다지 정도(精度)가 필요 없다. 밀링머신으
로 인덱스를 써서 한쌍의 것의 각도를 계산해서 가공할 정도이다.

또한 중(中)하중 이상의 것은 이의 면을 고주파 담금질등을 한다.

표13. 1 맞물림클러치의 이의 형상과 사용조건

치형	형 상		사 용 조 건	하 중	역 전
三	(a) 구동측 회전방향		정지중, 운동중 어느 경우라도 착탈가능 단 운전중의 맞물림은 저속시에 할 것	비교적 경하중	가 능
각	(b)		동 상	동 상	불 가
	(c)		동 상	중하중	불 가
각			맞물림은 정지시키고 초용히 손으로 돌려 시행한다.	대하중	가 능
대	(a)		각형보다 착탈하기는 편리하다.	대하중	가 능
형	(b)		동 상	대하중	원칙적으로 불가.

  이의 형의 형상으로 봐도 알수 있듯이 표중의 삼각형(a)와 대형(a)는 회전력의 일부가 축 방향의 힘으로 변환된다. 즉 스러스트 힘이 발생 하게된다.

  또 예컨대 그림13.6과 같이 수동식 클러치에서는(a)와 같이 핸들은 고정핀등으로 확실히 고정해야 하다. 직각으로 닿는 것은(b)와 같이 크리크스

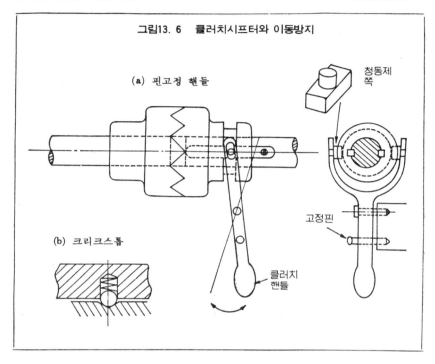

그림13. 6   클러치시프터와 이동방지

(a) 핀고정 핸들

청동제
쪽

고정핀

클러치
핸들

(b) 크리크스톱

톱이라도 좋다.

또 청동제「끼움 조각」도 스러스트를 받아 하중이 클수록 마모도 심해지
므로 잘 점검해서 마모된 것은 교체해야 한다.

또한 키이는 묻음 키이로서 축에 작은 나사고정을 하고 반드시 2개 이상
써야 한다.

또 이 부분에는 운전하기 전에 반드시 소량의 윤활유 공급을 하는 것도
기준화해두자.

시일 부품의
보전작업

14 누설과 그 방지에 대해

① 누설 방지의 중요성

단지 부품을 조립하고 결합만 했을 뿐이라면 취급하는 기체나 액체등의 누설 혹은 반대로 이물의 혼입등을 충분히 방지할 수 없다고 하는 것은 여러가지의 경우에 경험했다고 본다.

이와 같은 누설이나 침입은 경제성을 손상할 뿐만 아니라 대단한 위험을 발생하게 하거나 고장, 성능저하, 수명단축등의 원인도 될 것이다.

예컨대 회전부분이나 습동부(摺動部)에서의 윤활유 누설은 바닥을 오염시키거나 미끄러지기 쉽게 하여 안전을 손상시킬뿐만 아니라 구두창에 묻거나 옥외로 흘러나간 것은 우수 인레트에 들어가 지역사회에 공해가 된다. 특히 최종제품의 성질은 유용안전한 물질이라도 원료, 반제품의 단계에서 누설되어 대단한 위험을 동반하는 일도 있어서 지금까지 수많은 공장 재해나 공해문제를 야기시킨 예가 있다.

설비 보전을 담당하는 자로서 특히 누설방지에 대해서는 좁은 의미에서의 설비성능의 유지보전뿐만 아니라 안전, 공해방지의 면에서도 크게 초점을 맞춰 직무의 중요성을 인식해야 한다.

② 누설방지

압력용기, 배관등의 접속부나 펌프, 유압 실린더등의 운동부분에서 작동유체가 누설되는 것을 방지하는 밀봉용 부품은 총칭해서 시일이라 한다.

이 중에서 정지(靜止)부분의 시일을 가스켓, 운동부분의 시일을 패킹이라고 하며 규격에서도 분류돼 있으나 습관적으로는 반드시 엄밀하게 구분돼 있지 않다.

표14. 1 시일부품의 분류

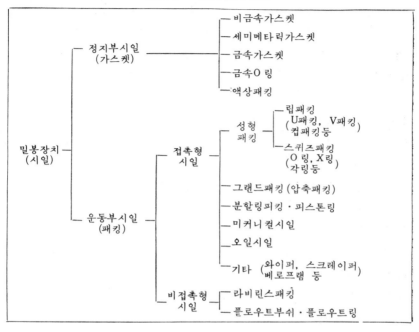

표14. 1에 시일 부품의 종류를 종합해서 정리했다.

그러나 왜 누설이라고 하는 현상이 일어날까 그것은 단적으로 말한다면 틈새와 압력(정확하게는 압력차)이 있기 때문이다. 그러므로 이 두가지 중의 한쪽이나 혹은 양쪽을 없애면 될것이지만 원리원칙은 그렇다하더라도 실제로는 시일의 종류도 극히 많아 그 선택만이라도 밀봉작용이나 윤활조건등의 기초적인 것을 몸에 배게 해두지 않으면 힘든 것이다.

이 항에서는 시일에 관한 극히 현장적인 문제를 주로 취급하고 필요에 따라 더욱 깊이 추구되는 점에 대한 실마리로 하기 바란다.

③ 시일 구조의 요점

시일은 정지부(靜止部)용과 운동부용으로 대별된다는 것은 이미 썼다.

이 양자의 본질적인 차는 정지부 시일 즉 가스켓이 그 자신의 압축 복원력(復元力)에 의해 완전한 시일의 역할을 다 하는데 대해 패킹은 회전, 왕복등의 운동부에 쓰인다는 제약 때문에 어느정도의 누설을 각오하고 쓴다는 것이다.

그러면 쌍방의 기능이나 성질에 대해 기본적인 점을 종합한다.

3 - 1 가스켓의 기능과 성질

우선 가스켓이지만 그 기능상 복원력을 잃었을때 혹은 섬유질의 것에 의해 실체(實體) 통과가 일어났을때 누설이 생긴다.

예컨대 관 플랜지부를 생각해 보면 보울트를 죈다음 내부에 압력을 주면 보울트가 그 압력에 의해 늘어나므로 가스켓에 가한 압축력은 감소되고 처음의 압축력이 낮으면 가스켓 접합면에서 누설이 생기는 것이다.

또 항을 바꿔 기술하지만 가열됐을 경우에도 열 팽창률의 차등에 의해 느슨해져 누설될 경우가 있다.

이것들은 어느 경우라도 꽉 죌 필요가 있으나 지나치게 죄면 가스켓에 영구외곡(永久歪曲)을 주게 되어 약간의 신축에도 적응치 못해 오히려 누설을 발생하게 된다.

그러므로 여기서는 가스켓과 보울트의 잔류응력의 관계를 충분히 이해할 필요가 있으며 이 점에서도 제3항의「적정한 보울트의 죔방법」은 보전의 기초기술이라고 할 수 있으므로 다시 한번 봐두기 바란다.

또한 적정한 재질의 선택에 대해서는 실체통과나 사용중의 변질등의 결점이 큰 포인트가 된다.

3 - 2 패킹의 기능과 성질

패킹은 시초에도 기술한 바와 같이 접촉형, 비접촉형 모두 그 기능과 구조상 어느 정도의 누설이 생기는 것은 할 수 없다.

우선 접촉형에는 마찰을 따르는 이상 윤활이 필요하지만 이것의 양부가 그 성능을 크게 좌우한다.

비접촉형에서는 어떤 일정한 틈새를 갖고 있으므로 이것을 유체가 통과할 때의 저항이나, 팽창에 의한 압력강하를 이용하거나 해서 시일의 역할을 다하게 한다.

기타 반대로 이 틈새에 고압유체를 공급해서 그 작용으로 간막이를 하거나 원심력에 의해 유체를 튀어 나가게 하는 것을 이용한 것도 있다.

하여간 개개의 지닌 구조, 기능에 따라 실용상 지장이 없을 정도의 누설을 용서하고 유지하게 된다.

이와 같이 시일에는 많은 종류가 있고 또 이어서 새로운 것이 연구, 개발되는 상태이므로 특수한 것까지 포함시켜 그 모두를 기입할 수는 없다.

그러므로 여기서는 산업기계에 자주 쓰이는 것을 선택해서 개개의 항을 설치하여 보전상의 취급에 대해 쓰기로 한다.

15 연질 가스켓의 사용법과 취급상의 주의사항

전항에서 정지부(静止部)에 쓰는 시일을 가스켓과 분류했으므로 여기서는 연질 가스켓으로 부르기로 한다. 이것은 판상의 것이며 보전현장에서는 보통 시이트 패킹이라고 한다.

이것은 대단히 많은 종류가 있으나 일반산업기계에 많이 쓰인다. 물, 증기, 압축공기, 윤활유, 작동유등의 작동유체(作動流体)에서는 가스켓의 선택은 그다지 문제가 되지 않는다.

그러나 산, 알칼리, 부식성 가스, 액체나, 고압, 고온 또는 극저온의 작동유체를 대상으로 할때는 적절한 가스켓의 선택은 안전상, 성능상 충분히 검토해야 한다.

이 점 설비의 설치당초부터 사용되고 있는 것의 재질, 성능을 충분히 확인해서 이것에 빨리 익숙해져야 하지만 언제나 신뢰성, 경제성이 높은 것을 추구해가는 마음가짐이 필요하다.

가스켓은 아직 많이 연구할 여지가 있는 기계요소의 하나이다. 그러므로 전문 연구서나 자료도 많고 또 메이커의 카탈로그, 서비스엔지니어와의 콘택도 살려서 충분한 천명을 해두지 않으면 안될 것이라고 본다.

①연질 가스켓의 종류와 사용조건

연질 가스켓을 그 재질의 면에서 분류하면 지질, 고무질, 석면질의것 플라스틱, 코르크나 최근에는 고분자화합물의 액상의 것을 이용한 액상 가스켓등이 있다. 이것들은 각각 특징을 갖고 있어서 선택이나 사용방법이 틀리면 시일의 기능을 다 할 수 없을때도 있다.

이하 표15. 1에 이것들의 성상과 사용방법을 종합한다.

표15. 1 각종 연질가스켓의 성질과 사용법

재질	명 칭	성 상	사 용 조 건
지 질	오일시이트가스켓	셀룰로우즈질의 원지에 젤라틴 또는 합성수지 혹은 합성고무라텍스를 함침시킨 유연한 시이트상의것이며 0.2~2.0mm의 두께가 있다.	윤활유, 유압작동유, 가솔린등에 적합하지만 100°이하에서 쓸 것. 물, 수증기, 산, 알칼리에는 부적당하다. 장기간 쓰면 실체통과가 있으므로 요주의
	화이버시이트 가스켓	원지를 화학처리시켰고 약간 경질이며 강도, 내열성두께, 치수정도는 좋으나 친근성이 불량	상기와 같으나 오일시이트에서 실체통과가 문제가 되는 곳에 적합하다. 그러나 플랜지면의 다듬질을 잘해서 침압력을 높게할 필요가 있다.
고 무 질	고무시이트가스켓	고무는 양호한 탄성과 유연성을 구비하여 우수한 시이트재이지만 그 반면 강성이 낮아 지나친 죔, 이상압등이 걸리면 비져나오기 쉬우므로 플랜지면에는 반드시 V 홈을 만들거나 홈형공간에 부착하는등 연구가 필요하다. 보통 물 혹은 희석수용액의 저압, 상온에 쓰이며 화학적, 열적으로 가혹한 조건에서는 특수합성고무가 쓰인다. 이하에 각종 고무에 대해 나타낸다. 천연고무-탄성, 내마모성 우수하나 내노화성, 내유성, 내용제성이 못하다. 현재는 거의 쓰이지 않고 있다. 네오프레-내노화성, 내굴곡성, 내유성 우수하고 보통고무 시이트패킹이라고 하는 것은 거의 이것이 차지하고 있다. 니트릴고무-특히 내유성이 우수하나 방향족성용제, 할로겐화탄화수소, 케톤, 에스테르류에는 부적당 에틸렌프-내후, 내산, 알칼리성 우수 특히 고압수증 로필렌고무 기나 인산에스테르계 작동액(불연성유압작동액)에 강하다. 우레탄고무-인장강도, 모듈러스, 인열강도, 내마모성이우수하다. 실리콘고무-내열, 내한성(-70~+260°)내약품성이 우수하나 고압수증기에는 부적당 불소고무-내열성, 내약품성 우수
석 면 질	석면죠인트 시이트가스켓	석면섬유70~80%에 고무콤파운드를 배합하고, 가압, 가황해서 만든다.	오일시이트와 같이 많이 쓰이고 증기, 물, 공기, 기름, 화학약품등 일반적인 경우에 적합하다. 고압의 가스체에서는 기밀누설될 때가 있으며 가스켓 페이스트를 병용하면 안전하다.
	석면비이터시이트 가스켓	석면비이터로 슬러리 상태로해서 고무라텍스를 가해 시이트상태로 가압정형해서 만들어진다.	오일시이트와 죠인트시이트 의 중간적성질을 지니며 사용가능한 온도, 유체조건은 같으나 친근성, 복원성은 좋고 시일효과는 높다. 플랜지부식도 없고 내곰팡이성이 우수하며 타발정형후의 치수의 변함도 적다.

	석면포가스켓	석면사로 평직, 대직한 테이프상의 것에 내열고무 파운드를 칠하고 꺾어합쳐서 가압정형하며 또한 그 라파이트처리 할 때도 있다.	내열, 내증기성이 좋고 유연성, 친근성이 높아 쉼압력을 높게할 수 없는 곳, 마무리면이 거친 플랜지라도 좋으며 홈에 끼워넣고 때때로 개폐하는 곳에 반복사용할 수 있다. 예컨대 보일러, 슈퍼히이터, 배기연도, 리시버탱크의 맨호울, 핸드호울, 오토크레이프의 플랜지, 대구경플랜지등
기타의재료	플라스틱재료	플라스틱은 가스켓재료로서 반드시 바람직한 특성을 갖고 있지 않다. 즉 압축성, 복원성, 친근성등이 대단히 못하다. 그러나 보통 테플론이라고 하는 불소수지는 우수한 내약품성, 내열, 내한성때문에 시이트대로는 결점도 많으나 하도와 같이 쿠션재를 싸서 복원성을 보충하게끔 연구해 쓰이고 있다. 거의 모든 약품에 침해되지 않는 내식성이 있고 온도 150 ℃, 압력 20kg/cm² 정도까지의 플랜지, 기기류에 쓰인다.	
	테플론시일	소량의 배합제를 써서열경화시키지말고 테이프 상으로한 소위 생테이프이고 나사부등 복잡한 형상에도 친근성이 좋아 테플론이지닌 특성이 발휘된다.	종래 나사부의 시일에는 마사나 목면사를 감아 도료를 칠하거나 접착제를 썼으나 그림과 같이 간단히 사용할 수 있으므로 현재는 거의 모두 배관 비틀어넣기부에 쓰이고 있다. 나사부에 몇번 감아 비틀어 넣음

코르크가스켓	코르크는 천연수지에서 채집된 것이며 극히 미소한 세포막이 공기로 충만되어 그것이 수지질의 결착제로 강하게 이어져 있으며 조직은 기체나 액체를 통과시키지 않고 탄성, 저온성, 압축성이 풍부하다. 　압축하면 세포내공기가 압축된 상태가 되어 변형되지만 그 변형은 압축방향에만 작용하고 가로방향으로는 생기지 않는 특성이 있다. 가스켓에 사용했을때 죔 힘이나 내압에 의해 시일면에서의 가로 미끄러짐은 거의 없다. 　코르크를 가스켓으로 할 경우는 나무가죽을 분쇄하고 결합제로서 단백질계, 합성수지, 합성고무등을 써서 가열 성형한다. 　코르크로서는 내수, 내유, 내약품성을 갖고 있으나 강산 강알칼리 및 고온(70℃이상)에 약하므로 최종적으로는 결합제의 종류에 따라 사용조건을 정하여야 한다.
액상가스켓	시이랜트라고도하며 합성고무, 합성수지 및 유지, 아스팔트와같은 고분자화합물을주재로한 액상또는점착성유체이며직접 시일면에 칠해서 누설을 방지 혹은 다른 가스켓류와 병용도포해서 시일효과를 올리게끔 사용방법을 취하는 것이다. 　그 성상으로 분류하면 점착형, 점탄형, 가박리형, 고착형등으로 나뉘며 원료성분에 따라 유체의 종류, 압력, 온도 조건등의 적부를 캐털로그, 성능표등에의해 잘 검토해서 선택하여야 한다. 　현장에서의 사용상의 주의점으로서 특히 도포면의 이물의 제거와 오염, 유지류가 부착된대로 도포하면 치명적실패를 초래할때가 있으며 또 필요이상으로 도포했기 때문에 접합면에서 여분의 것이 흘러나오는 것은 대단히 좋지 않으므로 사용후 반드시 접검청소를 잊어서는 안된다.

② 취급상의 주의사항

2 - 1 보관에 대해

시이트 가스켓을 감은대로 부품창고에 그대로 세워둔 것을 자주 볼수 있으나 지질, 석면질 모두 흡습, 노화, 곰팡이가 생기기 쉬운 성질의 것이므로 반드시 비닐봉지등에 넣어 통풍이 좋은 부품선반에 정리 보관 한다.

또 사용빈도가 높은 사이즈가 결정된 플랜지용등은 그때마다 시일에서 잘라 쓰기보다는 작업이 없을 때 그림 15, 1과 같이 패킹투울로 잘라내서 품종별, 사이즈별로 간추려 부품선반에 정리보관해 두면 아주 편리 하다.

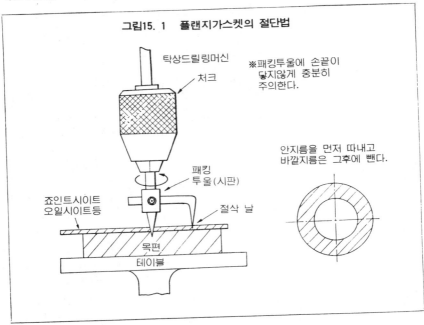

그림15. 1   플랜지가스켓의 절단법

탁상드릴링머신

처크

※패킹투울에 손끝이
닿지않게 충분히
주의한다.

패킹
투울(시판)

죠인트시이트
오일시이트등

절삭 날

안지름을 먼저 따내고
바깥지름은 그후에 뺀다.

목편

테이블

2 - 2 시이트 가스켓의 절단방법

가스켓을 잘라낼때 현장에서 자주 행하여지는 것은 그림15, 2 (a)와 같이 부착면에 가스켓을 대고 부착면의 각을 겨냥하여 해머로 순차적으로 두드려 절단하는 방법이다.

이렇게 하면 특별히 도구도 필요없고 해머만 있으면 간단하게 되지만 가스켓 부착면을 상처를 나게 하던가 의외의 부분이 결손되거나 가스켓 의 파편이 파이프 속이나 기기(機器)속으로 떨어질 가능성도 있고, 또 가스켓의 절단구에 불규칙한 거스럼이 생겨 파편이 유체내에 혼입될 염려가 있다. 이와 같이 손 쉬움을 제외하고 그다지 좋은 점은 없으므로 정밀기기의 경우에는 조잡해서 인정할 수 없다.

특히 건설현장등에서는 이 방법이 꺼리낌없이 행해지고 감독자도 그다지 주의를 하지 않으나 이와 같은 조잡한 가스켓의 부착은 시운전할때 초

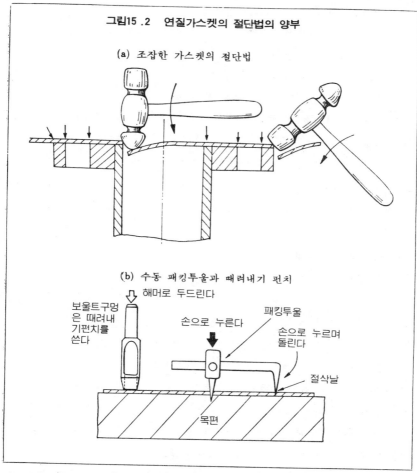

그림15 .2 연질가스켓의 절단법의 양부

(a) 조잡한 가스켓의 절단법

(b) 수동 패킹투울과 때려내기 펀치

해머로 두드린다

보울트구멍
은 때려내
기펀치를
쓴다

손으로 누른다

패킹투울

손으로 누르며
돌린다

절삭날

목편

기 트러블의 원인이 된다.

또한 가스켓의 정확한 잘라내기 방법과 부착법을 기술한다.

거의 모든 가스켓 부착부분은 어떠한 복잡한 형상이라도 기본적으로는 원형개구부 (円形開口部)를 중심으로 몇개의 보울트 부착 구멍을 갖고 있는 것이 보통이다.

따라서 이것을 잘라 넣을때는 우선 원형개구부의 치수를 쟀으면 그림 15, 2

(b)와 같이 패킹툴에 의해 잘라낸다.

다음에 이것을 기준으로 하여 보울트 구멍이나 그 밖에 복잡한 형상부를 연필이든가 금긋기 바늘로 거기에 대고 그린다.

이것이 끝나면 가스켓을 집어 내고 별도의 장소에서 나무조각을 깔개로 하여 보울트 구멍은 두드려 빼기 펀치를 쓰고 그 밖의 부분은 가위로 정확히 잘라낸다. 이것은 가스켓의 잘라내기, 부착의 기초작업으로서 꼭 알아 두어야 한다.

틀린 안이한 작업법, 임시변통인 작업법이 습관이 되면 정확한 작업을 몸에 익히지 못한대로 자기류가 돼 원인불명의 트러블이 자주 생긴다고 하는 사태도 일어날 수 있다.

2 - 3 적정한 죔에 대해

가스켓을 죌 때는 적정한 죔이 필요하다.

이론적으로는 가스켓 계수라고 하는 것이 있어서 이것으로 정해진다. 즉 가스켓을 부착하고 유체압력을 작용시켰을 때 누설이 일어나지 않는 한계의 죔응력 (잔류응력)과 가스켓의 폭, 두께와의 관계나 유체압력과 보울트에 생기는 인장응력등으로 산출된 수치이다.

그러나 일반적으로는 그다지 힘들게 생각하기 보다 경험을 바탕으로 해서 지나친 죔이 되지 않게 주의하면 충분히 누설을 방지할 수 있다.

또 가스켓을 떼낼때 플랜지 면에 꽉 붙은 것을 떼낸다고 하는 것은 그다지 쉽지 않아 면을 손상시키기 쉬우나 가스켓 페이스트나 가박리형「可剝離形」의 액상 가스켓을 병용하면 좋을 것이다. 이것은 가스켓의 실체통과 방지 도 된다.

그러나 그 일부는 작동유체에 녹아 들어 갈 경우도 있으므로 그 점을 생각해서 적절한 것을 선택할 필요가 있다.

2 - 4 그 밖의 주의사항

(1) 가스켓의 두께

가스켓의 두께는 될수있는대로 얇은 것이 신뢰성은 높다고 하지만 그 두께가 타의 운동부분의 클리어런스에 크게 영향을 미칠때가 있다.

예컨대 레시프로형 콤프레서의 실린더와 토프커버 사이에 부착하는 가스켓은 그 두께에 따라서는 압축효율에 영향을 미친다. 마찬가지로 내연기관이라면 압축비에 영향을 미쳐 출력효율을 좌우하게 된다.

이와 같은 염려가 있을 때는 다음의 방법으로 가스켓 두께를 가감해서 조절한다.

우선 가스켓을 부착하고 임시 죄기를 했으면 피스톤의 상면에 연선 (鉛線)을 놓는다. 다음에 조용히 크랭크를 손으로 돌려 상사점 (上死点) 에서 눌려진 연선의 두께를 측정하여 이것이 정규의 클리어런스 치수인지 아닌지를 확인한다. 예컨대 피스톤 롯드는 실린더 보다 열팽창이 크므로 위와 같은 조정을 확실히 하지 않으면 토프커버를 찔러서 파괴한다고 하는 극단적인 일도 일어날 수 있다.

또 루우츠블로워나 로터리형 진공 펌프의 사이드 커버에 가스켓을 부착하는 형식의 것에서는 가스켓이 지나치게 두꺼우면 치명적인 효율저하가 되고 지나치게 얇으면 로우터와 사이드 커버가 접촉 과열해서 소손을 일으킬 수 있다.

이것들은 가스켓 부착상의 큰 포인트라고 할 수 있다.

(2) 가스켓의 비어져 나옴, 들어감

플랜지나 그 밖의 것에 가스켓을 부착했을때 유체가 지나가는 부분에 가스켓이 비어져 나오면 안된다.

유체의 흐름을 저해하거나 혹은 가스켓 자체가 팽윤열화해서 유체에 혼입되기 때문이다.

또 통로 보다 지나치게 들어가 있는 것도 좋지 않다.

유체통로의 단면과 같이 정확히 잘라내고 정확히 부착한다.

그러기 위해서는 전술한대로 될수록 표준사이즈를 자른 것을 준비해서

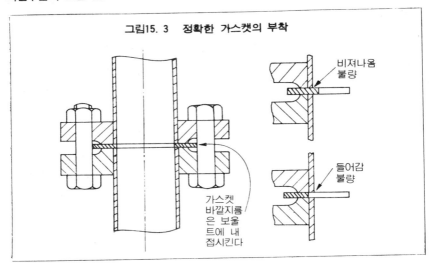

그림15. 3   정확한 가스켓의 부착

비져나옴 불량

들어감 불량

가스켓 바깥지름은 보울트에 내접시킨다

쓰는 것이 좋다.

예컨대 관 플랜지의 경우는 그림15, 3과 같이 가스켓 바깥지름을 보울트에 내접 (內接) 시켜 자동적으로 중심내기가 될 수 있게끔 연구한다.

16 경질 가스켓의 사용법과 적정 죔

기계설비의 대형화, 고도화에 따라 조업조건은 한층 더 가혹해지고 위험도도 높아지고 있다.

따라서 가스켓도 보다 안정성이 높은 것이 요구되며 연질 가스켓으로는 견딜 수 없는 고압, 고온조건에서는 경질 가스켓이 쓰이고 있는 것이다.

그러나 가스켓은 경질, 연질 어느쪽이나 압축복원력에 의해 시일하는 것이므로 금속 또는 금속과 연질물을 조합한 가스켓은 복원력도 적고 사용법이나 선택을 잘 못하면 시일의 목적을 다하지 못하고 오히려 위험성을 더한다고 볼 수 있다.

그러므로 가스켓의 사용에 있어서는 충분한 지식과 기술을 가져야 된다고 생각한다.

이 항에서는 현장에 있어서 경질 가스켓을 사용할 경우의 기초적인 것을 종합해 봤으며 실제로 일어나는 여러가지 문제에 대해서는 관계 자료등을 참고로 충분히 검토하기 바란다.

① 주요한 경질 가스켓의 특징과 사용조건

경질 가스켓은 크게 나눠 메탈 쟈켓형, 소용돌이형, 메탈 가스켓으로 분류할 수 있다.

어느것도 동, 알루미늄, 스테인레스, 인코넬등의 금속이 쓰이고 엄한 조건 밑에서도 사용할 수 있는 대신 복원력이 약할수도 있어서 적용을 잘 못하거나 혹은 플랜지부분의 가공에 미스가 있으면 생각치도 않았던 고장이나 사고를 초래할 때가 있다.

표16, 1에 주요한 경질 가스켓의 성상과 사용조건을 종합해 둔다.

표16. 1 각종 경질가스켓의 성상과 사용조건

분류	형상·명칭	성 상	사 용 조 건
메탈자켓형가스켓	평 형 평 형 파 도 형	중심(中芯)에 석면판 또는 석면죠인트시이트를 쿠션재로서, 외주는 동, 알루미, 연강, 스테인레스등의금속판사용	고압고온배관, 기기, 열교환기, 밸브본넷탑조, 내연기관헤더등에쓰이고 있다. 석면죠인트시이트를 중심(中芯)으로 한 것은 300℃이하에서 쓰고, 특수한 경우는 세라믹화이버를 쓴 1300℃정도까지 쓰는것도 있다.
소용돌이형가스켓	프레인형 외륜달림 내외륜달림	얇은 금속테이프를 V형 또는 M형등으로 예비정형하고 이것과 석면지를 교대로 힘껏 감아서 만들어지며 처음과 끝은 스포트용접해서 고정한다. 금속테이프는 스테인레스, 티탄, 모넬, 인코넬등 시일재는 석면지외에 테플론, 알루미, 죠인트시이트 등도 쓰인다.	주로 고압고온 또는 극저온의 가스체 시일에 적합하고 압력에따라 감기밀도를 가감하며 프레인형은 원칙으로서 홈에 끼워놓고 쓴다. 내외링달림은 홈이 없을경우의 비져나오기 방지용이다. 석면지등이 직접 시일에 작용하기 때문에 플랜지면 조도는 시일성에 크게 영향을 미치지 않는다. 또 압축복원력도 비교적 높아 진동이나 한쪽 쏠림에도 강하다.
메탈가스켓		메탈가스켓은 중공금속 0링을 제외하고 거의 기계가공등에의해 절삭 만들어지고 그 형상에 맞는 특수한 플랜지와 조합해서 쓰인다. 재질은 알루미늄, 여동, 황동, 순철, 연강, 모넬메탈, 인코넬, 스테인레스가 사용된다.	
	평 형 톱 니 형	평형은 간단한 형상이므로 작용유체에따른 재질판을 뚫어 만들어진다. 톱니형은 더한 90°의 삼각산의 홈가공을 양면에 가한 것이다.	기기, 탑조류, 열교환기등에 100kg/cm²이하로 쓰이지만 압축성은 작으므로 플랜지면의 다듬질을 잘해야한다. 가열, 냉각이 반복되면 풀림이 생긴다. 반복사용은 할수 없다. 톱니형은 평행에 비해 힘이 적어도 시일의 역할을 다할수 있다.
	오 오 발 형 옥타고널형	링죠인트가스켓이라고도 하는 강제 링이고 플랜치에는 V형의 홈을 설치하고 오오발형은 선접촉, 옥타고널형은 면접촉하며 내압을 받으면 더욱 접촉압력이 증가해서 자기밀봉 작용을 한다.	100~700kg/cm²의 고압관계 및 고압용기의 플랜지등에 쓰인다. 선접촉 또는 약간의 면접촉이며 자기밀봉작용을 갖고 있으므로 강한 췌압력은 필요치 않으나 링이나 플랜지의 가공, 다듬질면은 높은정도를 필요로한다.

델 타 형	플랜지에는 V형 홈을 설치하고 죔 힘과 내압에의해 링은 약간 변형돼 쐐기상으로 파고들어 시일작용을 한다.	약300kg/cm²이상의 대형압력용기등에 쓰인다. 링 표면 내압에 은도금을 하면 시일성이 향상된다.
렌 즈 형	델타형과 거의 같은 성상이 있고 凸렌즈 중앙을 떼낸것같은 형상때문에 렌즈형이라고 한다.	델타형과 거의같은 선접촉과 내압 내압을 받아 쐐기상으로 파고들어 셀프 시일한다.
브리지맨형	장착부분의 구조는 복잡하지만 초기에 내압을 시일할 정도로 죄면 이후 내압이 올라감에 따라 접촉압은 상승해서 자기밀봉작용도 올라간다.	100kg/cm² 이상의 관이음, 압력용기 등에서 특히 온도 상승이 심한 곳에 내압 적합하다.
금속중공 O 링 단순형 또는 압력봉입형 구멍뚫린형	얇은 살두께의 스테인레스, 모넬, 인코넬등의 관을 고리모양으로 하고 접합부를 용접해서 만들어진다. 압력 봉입형은 내부에 질소가스와 같은 불활성가스를 봉입하고 고온부에 쓰인다. 구멍뚫린형은 내경측에 몇개의 작은구멍을 뚫어두고 압력유체가 내부로 들어가 O 링의 접면압력에 작동유체압력이 가산돼 보다 높은 시일효과가 얻어지게끔 연구돼 있다.	액체헬륨, 액체수소등의 극 저온유체로부터 제트엔진의 연소가스, 원자력장치, 로켓연료등 고온, 고압 고진공, 부식등 특히 가혹한 조건 밑에서 사용되고 있다. 또 단면은 원형에 한하지 않고 타원형, 다이어몬드 형, 2중 다이어몬드형의 것도 있고 각각 사용조건에 따라 선택할 수 있다. 장착플랜지도 밑의 그림과같이 대표적인 것을 들었으나 면의 조도는 가능한대로 양호하게 한다. 링의 표면에 은도금, 테플론코오팅 함으로써 시일성을 올릴수 있다.

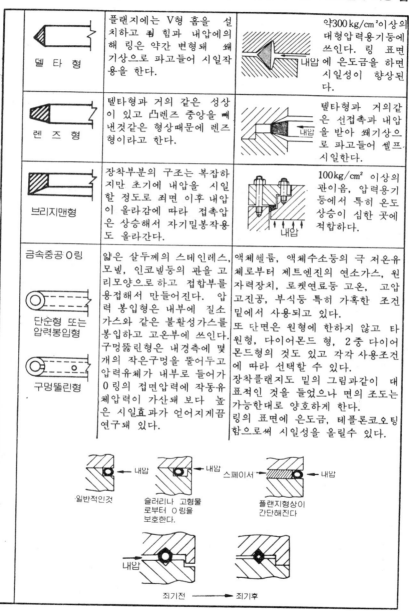

일반적인것

슬러리나 고형물 로부터 O 링을 보호한다.

스페이서 / 플랜지형상이 간단해진다

내압

죄기전 ────→ 죄기후

2 취급상의 주의

2 - 1 선택상의 주의사항

보전현장에서 경질 가스켓을 선택할 경우 제일의 어프로우치는 우선 그 기기나 장치의 설계표준, 취급표준을 확인해서 정해진 종류와 부착방법을 검토하는데서부터 시작된다.

또 실제로 사용중의 상태나 떠냈을때의 체크도 잊어버릴 수 없는 것이다.

경질 가스켓은 어떤 경우에 대해서도 만능이라고는 할 수 없으며 각각 독특한 장점과 단점을 같고 있으므로 이론적으로 적정하다고 해서 선택됐어도 현실과는 여러가지 불합리한 점이 일어날 경우가 있다.

그러므로 자신의 실정과 조건에 맞는 것의 선택이나 사용방법의 연구등이 보전기술자에 주어진 임무라고 생각된다. 또 이와 같은 점은 항상 현장과 밀착돼 있으므로서 그것이 가능하다.

그 의미에서 보전기술자가 표준의 개정(改訂)이나 보전기술의 개선을 다 하는 역할은 크다고 본다.

2 - 2 경질 가스켓의 적정한 쬠

앞에서도 기술한 바와 같이 가스켓의 시일작용은 그 압축복원력에 달려 있으나 그러기 때묵에 적정한 쬠의 힘의 문제를 피해서 지나갈 수는 없다.

「보울트, 너트의 적정한 쬠」의 항에서 보울트의 인장응력에 대해 왜곡선도(歪曲線図)를 써서 설명했다.

이와 마찬가지로 생각해서 가스켓의 경우에는 외력의 압축력을 받으면 내부에 압축능력이 발생한다. 그리고 이것이 탄성한계를 넘었을때 발생하는 잔류왜곡은 그 경우 좌굴(座屈)이라는 형으로 나타나 이것을 넘어서 쬔다는 것은 가스켓의 복원력을 약하게 하고 누설의 원인이 된다.

또 가스켓의 경우에는 또 하나 귀찮은 문제가 있다.

그것은 쓰여지는 장소가 장소이니만큼 열에 의한 팽창의 문제가 함께 생긴다.

예컨대 적정한 죔 힘이라 해도 가열된 경우에는 플랜지나 보울트에 비해 가스켓의 열팽창률이 크면 그 차만큼 좌굴변형되고 상온으로 되돌아가면 최초의 상태보다 좌굴분 만큼 여분으로 수축된 형이 되어 이것도 누설의 원인이 된다.

예컨대 자동차를 갖고 있는 사람은 경험했을 것으로 보지만 점화 플러그에 동판 가스켓을 넣고 죄면 플러그가 어느 사이에 풀려져 있다.

이것은 동의 열팽창률이 플러그나 실린더 보다 높기 때문이고 동의 평형 가스켓에서는 아무리 죔을 가감해도 방지할 수 없다.

이와 같을 때는 플러그용의 메탈 쟈켓 가스켓을 쓰면 간단하게 방지할 수 있다.

말은 바뀌지만 링 조인트 가스켓이나 금속 중공(中空) O링도 이 적정 죔이 힘든 부류에 들어간다.

이것들은 오히려 죔 부족보다 과도하기 때문에 변형을 일으켜 누설이 발생할 경우가 많다.

예컨대 장八각형(長八角形)의 표준적인 죔 상태를 확대해 보면 그림16, 1과 같이 링의 높이의 1/6의 부분이 접촉해서 약간 축소되게끔 죄 진다.

이 상태에서 100kg/cm의 내압이 걸려 자기밀봉작용(셀프시일)에 의해 누설을 멈추게 하고 있다.

이것들의 플랜지는 각부의 치수, 마무리 정도(精度)도 높아 맞춤면이 밀착되면 적정 압축량이 확보되는 설계로 돼 있어야 한다. 또 보울트를 죄는 과정에서 적정 죔 여분이 있는가 없는가를 주의할 필요가 있다.

또 특히 온도상승이 있을 경우에는 죄기를 더하는 것은 잊어버려서는안 된다.

링 조인트와 같이 금속접촉의 경우 초기의 극히 소량의 누설은 좀더 죔으로써 멈추게 할 수 있으나 이것을 긴 시간 그대로 둬서 꽤 많은 양의 누

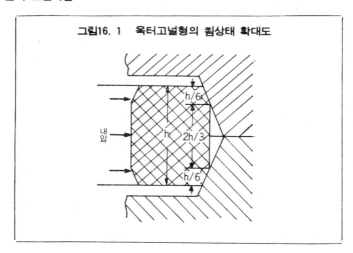

그림16. 1   옥터고널형의 죔상태 확대도

설로 진전한 다음에는 더 죄드라도 이미 멈추게 할 수 없다.

「물 방울이 바위를 깬다」고 하는 옛말과 같이 작은 틈새를 고압작동유체가 통과해서 그 부분에 상처가 생겨, 좀 더 죈다고 해도 그 상처를 메울 수 없게 돼 있기 때문이다.

17 그랜드 패킹의 선택과 부착의 포인트

펌프의 회전축 혹은 왕복 운동부의 시일에 쓰이는 패킹은 기기의 발달과 함께 더 한층 연구개발이 진보되어 많은 종류, 형상의 것이 쓰이고 있으나 옛부터 쓰이고 있는 그랜드 패킹은 일반산업 기계에서는 기본적인 누설방지용 부품으로서 현재도 주류를 차지하고 있다.

그 이점을 종합해 보면

① 구조가 간단해서 장착이나 교체작업은 다른 패킹에 비해 가장 쉬우며 특별한 전문기술이 필요 없다.

② 성형 패킹과 같이 각종 치수, 형상의 스토크를 필요로 하지 않고 몇 종류만 둬두면 절단해서 쓸 수 있다.

③ 기성의 시판품이므로 예컨대 재고가 없어도 언제 어디서나 구입하기 쉽다.

④ 재질, 편조(編組)방법, 윤활제등에 의해 각 종류의 것이 있으며 용도에 따라 바라고 있는 것을 선택할 수 있다.

등을 들 수 있다.

그러나 안이한 선택이나 부적당한 장착은 이것들의 이점을 살릴 수 없을뿐만 아니라 안전성, 경제성을 잃어 때로는 기기의 손상을 초래할 수도 있다.

예컨대 레시프로 콤프레서에 식물계의 그랜드 패킹을 넣고 지나치게 줬기 때문에 운전개시 후 1분도 지나지 못해 마찰열 때문에 피스톤롯드가 가열 돼 스타핑 벅스에서 불티를 내고 롯드의 열팽창에 의해 토프클리어런스가 없어져 실린더 커버를 뚫어 버린 사고가 있었다고 한다.

그랜드 패킹의 취급은 보전의 기초기술로서 설비의 종합가동율의 상이라고 하는 점에서 봐도 중요한 것의 하나이다.

① 스타핑 벅스의 형식과 사용방법에 대해

그랜드 패킹의 장착부분은 스타핑 벅스라고 한다.

이것은 기기의 종류에 따라 여러가지 형식이 쓰이지만 일반적으로는 그림 17, 1(a)와 같은 대형(台形)구조가 기본이다.

(b)의 장방형 구조는 뒤에서 소개하는 연심(鉛心)겹침 패킹등에 적합하고 통상의 브레이드 패킹을 장착 할 경우에는 보조 링을 써서 패킹 누르개의 압력이 접촉면에 효과적으로 작용하게끔 한다.

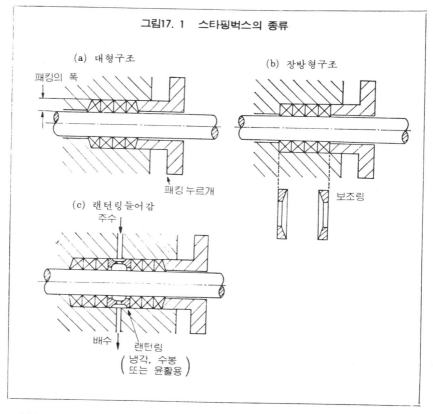

그림17. 1   스타핑벅스의 종류

(a) 대형구조

패킹의 폭

패킹 누르개

(b) 장방형구조

보조링

(c) 랜턴링들어감

주수

배수   랜턴링
(냉각, 수봉)
(또는 윤활용)

그림 17. 1 (c)는 랜턴 링이라고 하는 공간을 지닌 링을 패킹의 거의 중앙에 끼워 넣은 것이며 그 기기에 발생하는 고압측 액 혹은 청수(淸水) 등을 주수(注水)해서 패킹이나 축의 냉각, 윤활을 시키거나 누설을 역류시켜 멈추게 하는등의 역할을 하는 것이다.

기타 고압 고온유체 때문에 그랜드 패킹이 마찰열 이외에서 온도상승 되어 냉각을 필요로 하거나 상온에서는 응고되거나 결정을 석출하기 때문에 반대로 가열을 요할 경우등에는 스타핑 벅스부를 쟈킷 구조로 하여 냉각, 가열할 수 있는 구조로 한 것을 쓰면 좋을 것이다.

또 패킹 누르개의 내부에 소량의 청수를 주입하고 냉각을 겸해서 인화성 액이나 유해 액을 씻어 내는 방법도 있다.

하여간 그랜드 패킹은 약간의 누설을 동반하므로 이것이 처리되지 않은 대로 장외로 흘러 나간다고 하는 것은 공해방지상 큰 문제이다.

보전기술자로서는 이와 같은 누설의 회수라고 하는 면에도 충분한 배려를 하지 않으면 안된다.

2 그랜드 패킹의 종류와 주요한 용도에 대해

그랜드 패킹으로서 쓰는 이상 구비해 두어야 할 성능에는 다음과 같은 것이 있다.

① 패킹 누르개로 죔으로써 축 면 및 스타핑 벅스 속에 충분히 접촉하는 가소성「可塑性」을 지니며 변질경화되지 않고 장기간 탄력성을 유지할 것

② 기기내의 유체에 침해되지 않고 팽윤, 열화해서 유체내에 용입되지 않을 것.

③ 축의 편심운동「偏心運動」에도 어느정도 추종되는 탄력성을 가질것.

④ 다소의 지나친 죔에 의해 마찰이나 발열로, 손상되지 않을 것.

⑤ 패킹과의 접촉부분을 부식 혹은 심하게 마모시키지 말 것.

⑥ 사용중의 체적감소는 완만하고 더 죔에 의해 회복되며 교체가 쉬울 것.

대략 이상이지만 이것들 요구의 모두를 만족시킬 수 없다고 하드라도 재질, 구조, 윤활제등의 조합과 사용조건에 따라 수명에도 큰 차가 생긴다.

일상의 운전상태를 바꿔 넣었을 때의 열화상황을 충분히 관찰해서 자기회사의 사용조건에 맞는 것을 찾아 내는 노력이 필요하다.

2 - 1 브레이드 패킹의 종류와 성능

브레이드 구조의 패킹은 그림18, 2와 같이 (a) 꼼 (b) 자루형 짜기 (c) 8자 짜기 (d) 격자 짜기등에 종류가 있다.

(1) 꼼 패킹

꼼 패킹은 정확하게는 편조기 (編組機)가 아니고 꽈 합침 기에 의해 10～30줄의 스트랜드를 꽈 합친 것이며 목면사, 석면사등으로 만들어져 있다.

윤활제로서는 광유, 그리스, 흑연등이 쓰이며 중압 이하의 밸브 기타 일반 소형기기의 패킹으로서 그대로 적당한 줄수로 나눠 간단하게 쓰이는 것이 특징이다.

(2) 자루형 짜기 패킹

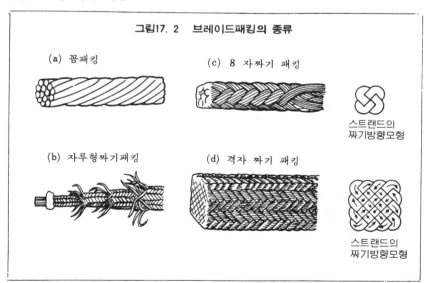

그림17. 2   브레이드패킹의 종류

(a) 꼼패킹

(c) 8 자짜기 패킹

스트랜드의
짜기방향모형

(b) 자루형짜기패킹

(d) 격자 짜기 패킹

스트랜드의
짜기방향모형

(b)의 자루형 짜기 패킹은 꼰 실을 중심으로 해서 그 바깥측을 24, 32줄 정도의 스트랜드를 2~3층으로 자루모양으로 짜고 둥근형으로 마무리 해서 4점(点)로울을 통과시켜 또한 각형으로 마무리 한 것이며 목면, 백석면, 테플론 섬유등으로 만들어져 있다.

절단구의 풀림도 적고 또 적도(適度)의 유연성이 있다.

또한 석면일 경우에는 황동, 동, 모넬, 인코넬등의 금속의 가는 줄을 감거나 혹은 연선(鉛線)을 심으로 하여 감을 경우도 있다.

이것들은 세미 메탈릭 브레이드 패킹이라고 하며 윤활제로서 기름 또는 그리이스를 쓰지만 흑연을 칠하거나 각종의 합성점결제(合成粘結劑)를 스며들게 할때도 있다.

보통 패킹은 중량의 20~30% 정도의 윤활제를 함유하고 있으므로 부착이나 사용중에 어느정도의 윤활제는 빠져 나와서 체적이 감소된다는 것을 충분히 생각하고 있어야 한다.

이 종류의 패킹은 왕복운동의 롯드나 밸브 봉(棒)등과 같은 저속도부분의 밀봉에 쓰이지만 금속선을 넣은 석면 패킹은 보일러 급수용이나 열유용(熱油用) 등의 회전기 축의 밀봉에 쓰인다.

(3) 8자 짜기 패킹

그림 17.2(c)의 8자 짜기 패킹은 스트랜드 8줄을 서로 짜 넣은 각(角)짜기라고도 하며 비교적 투박한 패킹이고 팽팽하지 않으므로 불균등한 축의 회전에도 추종성, 유연성이 높은 것이 특징이다.

재료는 목면, 라미이 마(麻), 쥬트, 석면, 청석면, 테플론 섬유 및 탄소 섬유등이 쓰인다.

보통 그리이스나 광유를 함유시켜 쓰며 흑연을 전면에 칠할 경우도 있다.

또 강도를 더하기 위해 동 또는 황동선을감을 경우도 있다.

(4) 격자 짜기 패킹

이것은 일반적으로 8줄의 스트랜드를 3~4개의 궤도로 서로 교차시켜 합계 32줄 정도까지의 연사(撚糸)로 치밀하게 짜져 있으므로 표면에 나온

부분이 마모돼도 다른 부분은 내부에서 서로 교차돼 있으므로 형이 흐트러지지 않고 내구성이 좋으며 고속회전 펌프 축등에 적합하다.

재료는 동식물 섬유, 석면, 테플론 리본등이 쓰이며 또 윤활제로서는 보통 광유가 쓰이지만 취급하는 액의 종류에 따라 각각 적합한 윤활제를 선택한다.

기타 四불화 에틸렌 수지 (테플론)를 석면에 함침 (含浸) 시킨 브레이드 패킹은 내산, 내 알칼리, 내 용제성을 필요로 하는 부분이나 증기용에 쓰이며 여기도 윤활유가 함침된다.

2 - 2 겹침형 패킹의 종류와 용도

여기에는 각종 섬유포와 고무질을 적층 (積層) 성형한 것, 감아서 겹친 것, 혹은 금속질을 가한 것등, 구성뿐만 아니라 재질면에서의 조합에 의해 대단히 많은 종류가 있다.

이 것을 크게 나누면 대략 다음과 같다.

(1) 그림 17. 3 (a)의 좌측의 것은 고무와 범포 (帆布)를 번갈아 겹치고 압축 가황 (加黃) 한 판을 소정의 치수로 절단하여 코일 상으로 가열정형한 것, 우측은 범포를 경사지게 넣었으며 아마존 패킹이라고도 한다.

　모두 윤활제를 충분히 혼입시킬 수 없으므로 저압증기, 물, 암모니아 등을 취급하는 펌프, 피스톤 롯드, 밸브봉등 저속 회전축에 쓰이며 경질 고무를 쓰면 수압기의 피스톤, 플런저에 쓸 수 있다.

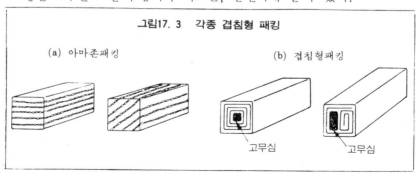

그림17. 3 각종 겹침형 패킹

(a) 아마존패킹 　　　　　　(b) 겹침형패킹

고무심　　　　　고무심

(2) 그림 17. 3 (b)는 고무를 심으로하고 면포, 석면포를 접착제와 함께 감아서 만들어진다. 이것도 윤활제를 충분히 함침시킬 수 없으므로 부착후 외부에서의 윤활이 필요해진다.

내열 고무 혹은 내유 고무를 석면포에 도포해서 감아 겹친 것은 350 ℃ 이하, 30kg / cm²이하에서 증기, 가스, 공기, 유압기기 등에 쓰인다.

2 - 3 금속계 패킹의 종류와 용도

이 중에는 금속선이나 박(箔)과, 다른 섬유를 병용한 세미 메탈릭과 금속선이나 박 만으로 정형한 메탈릭이 있다.

이것들의 금속은 앞에서도 기술한대로 황동, 동, 알루미늄, 납, 주석, 모넬, 인코넬등의 연질, 저융점(低融点), 열 전도성이 풍부한 것을 병용함으로써 강도를 더하고 있다.

또한 이것들의 금속은 예컨대 지나친 죔에 의해 과열됐을 경우 기기 부분 보다 패킹측이 먼저 녹아서 기기를 파손시키지 않고 또한 용해열을 흡수하여 용해에 의해 체적이 줄어서 접면압(接面圧)도 저하되므로 습동(慴動)발열도 적어진다고 하는 유효한 작용을 한다.

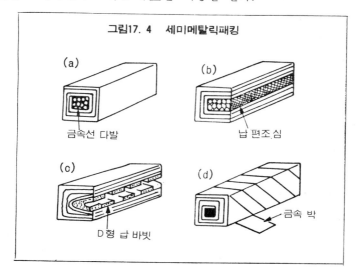

그림17. 4   세미메탈릭패킹

(a) 금속선 다발

(b) 납 편조 심

(c) D형 납 바빗

(d) 금속 박

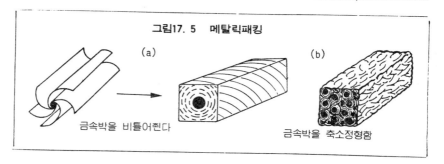

그림17. 5 메탈릭패킹

(a)

(b)

금속박을 비틀어쥔다

금속박을 축소정형함

그러면 이하에 금속계 패킹의 종류와 사용방법등에 대해 간추린다.

(1) 앞서 기술한 브레이드 패킹에 짜 넣을 경우는 1 mm 이하의 가는 선으로 한 것이나, 두께 0.1mm, 폭 4mm 정도의 리본으로서 쓰고 내열 내압성을 올리는 것을 목적으로 한다.

(2) 그림 17.4(a)와 같이 가는 선의 다발을 심으로 하여 감아 포갠 것이나 (b)(c)와 같이 고무를 칠한 범포적층(帆布積層)의 심에 편조연선(偏組鉛線)이나 V형 연심을 때려 넣은 것 혹은 (b)와 같이 석면 겹침 감기 패킹의 바깥측을 금속리본으로 감은 것등이 있다.

이것들의 세미 메탈릭 배킹은 300℃ 이하의 증기, 공기, 가스, 암모니아등을 취급하는 기기의 왕복동 축부에 쓰인다.

(3) 그림 17.5는 메탈릭 패킹을 나타냈으나 이 중의 (a)는 고무를 심으로 하여 금속박을 말아서 정형한 것, (b)는 박을 오그라들게 하여 정형한 것이다.

이것들은 단독으로 쓰는 것이 아니라 고열, 고압부분에 다른 브레이드 패킹등과 병용되는 것이 보통이다.

2 - 4 그 밖의 패킹

지금까지 소개한 외에 여러가지 금속박의 세편(細片)이나 바비트 메탈의 가는 입자, 흑연, 운모등에 석면을 푼 것 혹은 특수고무를 섞어 각형으로 정형하고 면사, 석면사, 금속선으로 거칠게 자루형 짜기를 해서 코일

패킹으로 하거나 링상태로 정형하는 것이 있다.

이것들은 주로 메탈릭 패킹과 번갈아 부착하여 고온, 고압의 밸브 스템 등에 쓰인다.

③ 그랜드 패킹의 선택과 보전

지금까지 쓴대로 그랜드 패킹은 많은 재료와 구조 및 윤활제의 조합에 의해 여러가지의 것을 선택할 수 있다.

표17.1에 브레이드 패킹의 주요한 것의 조합과 그 주요한 사용개소에 대

표17. 1 브레이드패킹의 종류와 사용예

재 료	구 조	윤 활 제	사 용 예
목 면	8자짜기 격자짜기	없 읍 내수성그리이스· 내유성윤활제	식품 혹은 오염을 싫어할 경우. 온수, 해수, 중저압수압기, 증기압장치 100℃이하의 가솔린, 중유펌프
마	8자짜기 격자짜기	내수성그리이스 광유와흑연	온수, 해수의 회전, 왕복동축, 고압의 램, 플런져 고압수 또는 증기가 가해진 램, 플런져
백 석 면 청석면은 내산성이 우수해 내 산을 필요 로할때 이 것을 쓴다	끔	흑 연 철선입흑연마무리 테플론함침	소형밸브스템 동 또는 황동의 가는선을 꼰것이고, 소형 고압, 고온 또는 약품. 용제용 밸브스템
	8자짜기 자루형짜기 격자짜기	흑 연	200℃ 20kg/cm²이하의 증기, 공기, 열수, 약산, 알칼리 등의 회전, 왕복동축
		내열내유윤활제 함침, 흑연마무리	상기 및 용제, 200℃이하의 열유용
		동상, 동선입	400℃ 40kg /cm²이하의 열유용
		테플론 함침 광유	−100℃∼260℃포화증기, 화학약품, 용제 등의 왕복등 및 회전축
테프론섬유	격자짜기	테플론현탁액 ·함침	−260℃∼260℃까지의 산, 알칼리, 용제 증기등의 왕동, 회전축, 밸브스템
단소섬유	격자짜기	테플론현탁액함 침	탄소섬유는 제3의 공업섬유이고 새로운 것이다. 산, 알칼리, 유무기용제등에 안정, −250℃∼300℃. 자기윤활성 열전도성 높고 습동발열, 소착이 없으며 왕복동, 회전축의 10m/sec이하, 밸브스템에서는 35kg/cm²로 쓰인다.

해 종합해 봤다.

그것들은 모두가 아니라 일부에 지나지 않는다.

현재도 많는 연구자나 메이커가 보다 좋은 것의 개발에 힘을 쓰고 있다고 보지만 우리들 유저 측에서 보면 아직 만족할 수 없다고 보는 것이다.

보전업무 중에서 그랜드 패킹 부분의 성능유지와 수리는 시간과 비용에 꽤 큰 웨이트가 걸려 있는 것이 실정이다.

어떤 평론사가 보전상의 트러블에 관한 앙케이트를 전국적으로 해 봤으나 그 중에서도 그랜드 패킹에 대한 고민이 제일 많았다고 한다.

이 문제에 대해서는 문헌, 기술자료, 카탈로그를 충분히 검토하거나 메이커의 기술자의 의견을 참고로 하는 것도 좋다.

그러나 최종적으로 자기회사의 설비에 매치된 그랜드 패킹을 찾아내는 것은 보전기술자뿐이다.

보전현장에서 자주 들려 오는 것은 "그랜드 패킹이 1~2주간도 견디지 못하는데 야단이다"라고 하는 말이다.

이것이 습관이 되어 오랜 세월 아무런 의문도 갖지않고 1~2주간 마다 교체작업이 행하여지고 있다.

또 교체되는 것은 좋은 편이며 보전 책임자나 담당자라도 바뀌면 교체되지 않아 누설되는 대로 방치되게 되므로 모르는 사이에 기기의 성능저하나 때에 따라서는 큰 사고의 원인이 되거나 한다.

보전작업으로서 일률적으로는 말할 수 없으나 정기적으로 행하여지는 정비나 교체는 적어도 1개월 이상의 주기를 목표로 한다.

그랜드 패킹의 수명에 대해서도 마찬가지이지만 약간 가혹한 조건이라 해도 한달에 한번의 점검, 더 죄기와 2~3개월에 한번의 교체를 최저조건으로하고 무엇을 어떻게 개선해야 하느냐에 대해생각하지 않으면 안된다.

4 그랜드 패킹의 부착의 요점

그러면 이하에 패킹 부착작업의 포인트가 되는 점에 대해 그림을 중심으로 쓰기로 한다.

(1) 패킹의 폭의 기준과 맞춤법

패킹 폭은 그림17.6(a)와 같이 반드시 스타핑 벅스에 맞는 것을 쓰고 이 기준에 맞춰(b)와 같이 파이프로 가볍게 늘려 들어가기 쉽게 한다. 해머로 두드리거나 하면 안된다.

(2) 패킹의 접면측(接面側)

그랜드 패킹의 대다수는 정방형(正方形)으로 만들어져 어느 방향을 써도 되지만 그림17.7과 같이 아마존형, 고무심 겹침형, 납심등은 방향성이 있으므로 그림의 면을 접면측으로 해야한다.

(3) 패킹의 절단방법

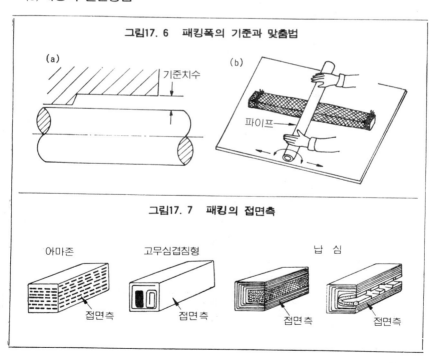

그림17. 6 패킹폭의 기준과 맞춤법

(a)   기준치수

(b)   파이프

그림17. 7 패킹의 접면측

아마존   고무심겹침형   납 심

접면측   접면측   접면측   접면측

목면, 마등의 브레이드 패킹은 그림17.8(a)와 같이 축에 감은 것을 자르면 바깥측은 인장(引張)이 걸려 있으므로 거의 모든 경우 절단한 곳이 열려 길이가 모자라게 된다.

또 절단한 곳이 풀리기 쉬운 점도 있으므로 (b)와 같이 축에 감아 약간

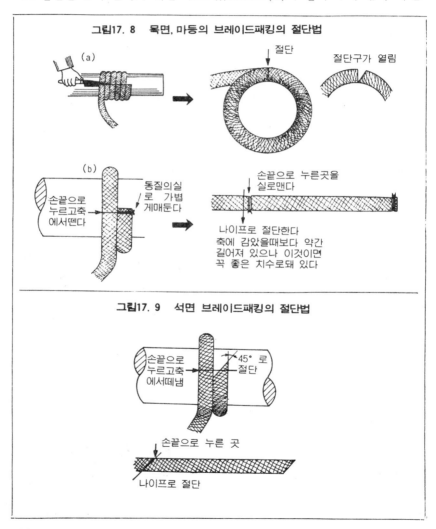

그림17. 8   목면, 마등의 브레이드패킹의 절단법

(a)

절단

절단구가 열림

(b)

동질의실로 가볍게매둔다

손끝으로 누르고축에서뗀다

손끝으로 누른곳을 실로맨다

나이프로 절단한다
축에 감았을때보다 약간
길어져 있으나 이것이면
꼭 좋은 치수로돼 있다

그림17. 9   석면 브레이드패킹의 절단법

손끝으로 누르고축에서떼냄

45°로 절단

손끝으로 누른 곳

나이프로 절단

길게 맞췄으면 일단 축에서 떼내 풀림방지를 한 다음 절단하면 짧아서 실패할때가 없다.

(4) 석면 브레이드 패킹의 절단방법

석면 브레이드 패킹은 자른 곳이 거의 풀리지 않으므로 그림17.9와 같이 축에 감고 길이를 맞췄으면 45°로 잘라 겹침여분, 늘기여분을 보아 그림과 같이 자른다.

아마존형, 겹침형, 세미 메탈릭, 메탈릭등도 거의 이 절단방법을 권하는 바이다.

또 패킹을 부착하기 전에 윤활제 함침(含浸)의 유무에 관계없이 전면에윤활제를 발라 둔다.

이 윤활제는 물론 유체의 조건에 적합한 것이라야 하지만 내열용, 내용제용, 내산용의 3종이 있으므로 여기서 선택하면 된다.

(5) 스타핑 벅스에 넣는 방법

패킹을 스타핑 벅스에 넣는데도 웃점이 있다.

우선 손끝으로 패킹의 양 끝을 잡고 서서히 축에 감아 축의 위를 미끄러지게 하면서 그림17.10(a)(b)와 같이 절단한 곳을 정확히 맞춰서 밀어 넣는다.

이때 절단한 곳을 어긋나지 않게 한손으로 누르고 또 한쪽 손으로 다른 부분을 맞추면서 눌러 넣으면 잘 된다.

그 다음 가능하면 그림17.10(c)와 같은 목제의 부쉬로 벅스의 끝까지 밀어 넣는다.

목제의 부쉬는 떡갈나무를 선반으로 소정치수로 깎아 두개로 나눈 것이며 보전작업이 없을때 각종 사이즈를 준비해 둔다.

목제 부쉬가 없을때는 패킹 누르개로 밀어 넣으면 그 길이만큼은 넣을 수 있으나 그러나 이것으로는 충분히 끝까지 들어 가지 않는다.

이와 같이 일상시의 약간의 연구나 개선이 보전작업을 하기 쉽게 또 확실히 한다는 것을 잊어서는 안된다.

(6) 패킹의 개수와 절단구의 배치

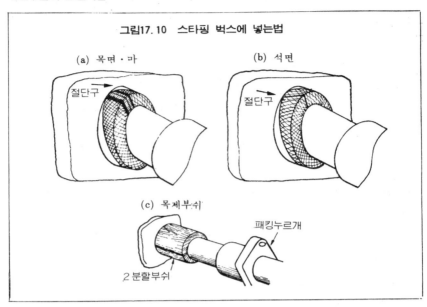

그림17. 10 스타핑 벅스에 넣는법

(a) 목면·마

절단구

(b) 석면

절단구

(c) 목제부쉬

패킹누르개

2분할부쉬

그랜드 패킹의 부착개수는 적어도 4개 이상이어야 한다.

3개 이하의 부착 스페이스뿐인 스타핑 벅스는 설계미스라던가 또는 뒤에서 기술하는 립 패킹등 다른 패킹을 부착하는 것인지도 모른다. 이와 같은 때는 또 한번 기기의 설계도, 취급 설명서등을 확인 하여야 한다.

또 패킹을 자른 곳은 그림17. 11과 같이 90° 씩 어긋나게 부착하는 것도 누설을 방지하는 주요한 포인트이다.

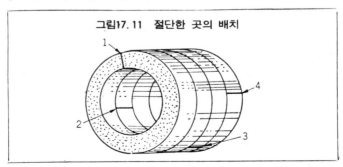

그림17. 11 절단한 곳의 배치

(7) 주수구(注水口)와 랜턴링의 위치

그랜드 패킹은 윤활제의 흘러나옴, 더 죄기등에 의해 사용중에는 째 체
적이 감소된다.

그러므로 랜턴링이 냉각수 주입구와 어긋나서 자기 역할을 하지 못할 염
려가 있으므로 그림 17.12와 같이 링의 위치, 냉각수 주수구의 위치를 충분
히 체크해서 여유를 두고 부착한다.

(8) 패킹을 빼내는 방법

오래 된 그랜드 패킹은 쉽게 빼기 힘든 것이지만 그림 17.13과 같은 나선
모양의 송곳이 붙은 패킹 툴이 시판되고 있으므로 이것을 쓰면 쉽게 빼낼
수 있다.

또 전부 빼냈으면 특히 접면부의 마모, 손상상태를 충분히 체크하고 그
재질, 사용법등이 적당했는지 아닌지를 검토해서 금후의 자료로 해야 한
다.

(9) 삽입후의 죔에 대해

패킹의 삽입이 끝났으면 그랜드 누르개를 한쪽 죔이 되지 않게 죈다.

보울트는 번갈아 대칭적으로 약간씩 죄고 축과 패킹누르개의 틈새로부
터 윤활제가 비어져 나오는 정도를 가늠으로 해서 일단 되돌린다음 손가
락 끝으로 너트를 죈다.

여기서 회전축은 손으로 돌려 그다지 힘들지 않게 회전함을 확인하고 왕

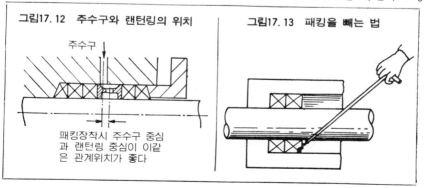

그림17. 12 주수구와 랜턴링의 위치

주수구

패킹장착시 주수구 중심
과 랜턴링 중심이 이같
은 관계위치가 좋다

그림17. 13 패킹을 빼는 법

복동 축도 크랭크 샤후트등을 손으로 돌려 확인한다.

그 후 한번 더 손가락 끝으로 너트를 잘 죄고 또한 스패너로 1／4～1／2회전 정도 죈다

운전후는 누설, 발열상태나 소형 기기이면 모우터 전류등도 체크하면서 패킹 누르개를 죈다.

그랜드 패킹은 처음에도 기술한대로 다른데 지장이 없을 정도의 누설 을 용서하는 편이 더 죄기의 회수도 적고 수명을 연장시킬 수 있다.

패킹의 구조나 재질등에 따라서는 그렇게 큰 발열도 없고 한때는 완전히 누설을 멈추게 할 수 있으나 수시간 후에 누설되기 시작해서 오히려 누설을 크게 한다.

단 수동의 증기용 밸브 스템등은 안전상 약간 강하게 죄서 누설을 멈추게끔 해두지 않으면 안된다.

18 립 패킹의 성능과 양호한 사용법

립 패킹은 단면형상이 V, U, L, J, Y자형등으로 된 것이며 접면부 (接面部)는 립상 (입술상)으로 만들어져 힘이 걸리면 립이 상대면에 밀착해서 시일하게끔 돼 있다.

이것은 주로 왕복운동부에 쓰이지만 때로는 회전축이나 정지 (靜止)부에도 쓰인다.

재료는 가죽, 천연고무, 합성고무, 합성수지, 금속등 여러가지의 것이 있다.

이 중에서 합성수지나 금속은 일반적으로 탄성, 유연성, 굴곡성이 좋지 않고 접면부에의 친근성도 불량하며 이 점으로 장착도 힘들고 일반적은 아니지만 특수한 화학약품, 고온, 극저온 조건등에서는 유효하며 특수한 경우의 시일로서 쓰인다.

립 패킹을 구성재료별로 분류하면 표18.1과 같이 된다. 또 개개의 사용 조건에 대해서도 종합해둔다.

표18. 1 립패킹의 구성재료와 사용조건

구 성 재 료	사 용 조 건
가죽	생가죽대로는 부패변질 되므로 식물타닌이나 크롬염으로 무두질을 하고 섬유조직을 합성수지, 유지납등으로 충전해서 성형한다.	보통 크롬 무두질이 내구성은 높고, 물, 공기, 기름에 1000kg/cm² 까지 사용된다. 단 작동유체온도는 −60∼+80℃로하고 강산, 강알칼리에는 부적당, 상대편 마무리면이 거칠어도 친근성, 내마모성, 좋다.
포입고무	석면포에 내유성 합성고무콤파운드를 비벼넣고 가열압축 성형한것.	열유 (120℃까지)의 왕복동롯드 또는 밸브스템에 쓰인다.
포입고무	면포에 합성고무콤파운드를 비벼넣고 가열, 압축성형 한 것이다.	냉유, 온유, 솔벤트를 처리하는 기계의 롯드, 램, 플런져등에 쓰인다.

고무 기타의 단체	니트릴고무콤파운드의 단체를 가열, 가압성형한 것	일반유압기기의 롯드, 램, 플런져 ·
	불소고무를 가열, 가압성형한 것.	230℃까지의 약품, 용제를 처리하는 기기의 롯드, 플런져
	실리콘고무를 가열, 가압성형한 것.	230℃까지의 고온유를 처리하는 기기의 롯드, 램, 밸브스템
	테플론롯드로부터절삭가공성형한 것	−100℃~260℃나되는 산, 알칼리, 용제등을 처리하는 기기용
	충전제입 테플론롯드로 절삭가공한 것	상기와 같은 밸브스템, 교반기축등 비교적 움직임이 적은 부분
금속	스테인레스, 인코넬 및 인코넬 X등을 깎아내서 만든다.	상기의 재료로 견딜수 없는 고온, 저온 혹은 고진공기에서 주로 정지부용으로서 쓰인다.

① V패킹의 종류와 장작의 포인트

1 - 1 가죽, 고무 패킹

V패킹은 그림18.1 (a)와 같이 단면형상이 V자 형이므로 이와 같은이름이 붙어 있다.

가죽, 고무등의 기본적인 부착방법은 그림18.1(b)의 가가 일반적이고 압력에 따라 장착하는 링의 수를 가감한다.

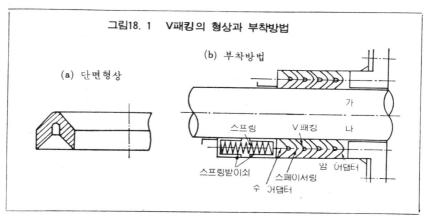

그림18.1   V패킹의 형상과 부착방법

(a) 단면형상

(b) 부착방법

스프링   V패킹   가   나

스프링받이쇠   스페이서링   암 어댑터

수 어댑터

그림 속에 있는 것과 같은 스페이서 링은 반드시 쓰지 않아도 되지만 이 것을 쓰면 다음과 같은 이점이 있다.

① 패킹을 정확한 위치에 둘 수 있고 압력변동이 클 경우에는 보다 내구성이 향상된다.

② 고압에 의한 패킹의 침투누설을 방지하고 또 패킹의 국부적인 발열을 방산시키는 역할을 한다.

또 암 어댑터는 V패킹의 형상으로 봐서 반드시 사용해야 한다.

더욱 패킹을 장착한 다음 사용시간의 경과와 함께 누설이 증가했을 경우 더 죄면 범출 수 있으나 그림18.1(b)의 나와 같이 스프링을 장착해두면 장기간 안정된 상태로 쓸 수 있다.

그러나 스프링의 강도나 압축길이등에 대해서는 실제로 세심한 주의를 해서 상태를 봐서 제일 좋은 것을 찾아내는 연구가 필요하다.

그 밖에 V패킹의 특징으로서 1개소를 비스듬히 (45℃)로 절단해서 플런 져 또는 램을 부착한대로 장착하는 것이 가능할 경우가 있다.

꼭 그랜드 패킹과 같은 요령으로 하면 되고 패킹의 교체시간을 단축할 수 있으므로 한번쯤 시도해 볼 가치는 있다.

표18.2 V패킹 장착개수와 어댑터의 재질

구 분 압 력 (kg/cm²)	V 패킹 장착수		어댑터의 재질					스페이서의 재질		
	고무	천임 고무	베이클 라이트	천임 고무	포금	알루미 브론즈	스테인 레스	베이클 라이트	경납	포금
40 이하	3	3	○	○	○	○	△	○	○	○
40~80	4	4	○	○	○	○	△	○	○	○
80~160	5	4	×	○	○	○	△	×	○	○
160~300	5	5	×	○	○	○	○	×	○	○
300~600	—	6	×	×	△	◎	○	×	△	○
600~	—	6	×	×	×	◎	○	×	△	○

(주) ◎표:최적. ○표:적당. △표:사용조건에따라 가. ×표:부적당

또한 V패킹의 장착수와 어댑터등의 재질과의 관계에 대해서는 표18.2의 분류표를 가늠하기 바란다.

1 - 2 합성수지 패킹

테플론등의 합성수지는 가죽, 고무등에 비해 탄성이 못하므로 운동부용에는 반드시 적합하다고는 할 수 없다. 내약품성이 높고, 고온, 극저온에도 강하므로 화학약품, 유기용제, 액화 가스속이나 특히 낮은 마찰저항을 요구하는 특수 기기용으로서 쓰인다.

그림18.2에 합성수지패킹의 장착상태를 나타냈으나 이 경우 특히 패킹의 상대면은 스타핑 벅스 내면도 포함해 면 다듬질, 편심정도(偏心精度)가 좋지 않으면 안된다.

또 패킹 누르개의 죔은 가볍게 누를정도로 한다. 지나치게 강하게 죄면 변형돼서 쿠션성이 없어져 누설의 원인이 된다.

더욱 사용온도 폭이 지나치게 크면 팽창, 수축이 심해져 변형, 왜곡을 일으키므로 사용 온도범위 −100∼260℃ 중에서 대략 50℃의 온도폭으로 쓰

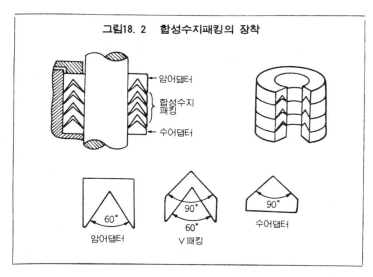

그림18. 2 합성수지패킹의 장착

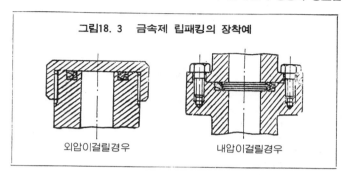

그림18. 3 금속제 립패킹의 장착예

외압이걸릴경우   내압이걸릴경우

게끔 한다.

1 - 3 금속제 패킹

금속제의 립 패킹도 성실상 특수한 용도에 쓰인다.

일반적으로는 그림18.3과 같이 정지(靜止)부 용으로서 쓰일때가 많으나 그 밖에 가죽, 고무, 합성수지로는 견딜 수 없는 모든 종류의 약품, 고온, 저온, 고압, 고진공의 기기에 쓰인다.

재질도 여러가지 있으나 스테인레스에서는 -250 ℃ ~480℃, 인코넬은 650° 까지, 인코넬X에서는 그 이상의 고온에 견딜 수 있다.

단지 금속 접촉면에서 10~20%정도의 밀어 넣기에 의해 누설을 멈추고자 하므로 될 수 있는 한 고정도(高精度)의 마무리면이라야 한다.

그러기 위해서는 패킹 표면에 은 도금, 소프트 니켈 도금이나 테플론코오팅등을 해서 쓴다.

2 U패킹의 성능과 부착방법

U패킹은 1개소에 1개를 장착하는 것을 기본으로 하고 있다.

이것은 패킹 누르개의 쥠압력에 의하는 것은 아니고 유체(流体)압에 의해 시일의 작용을 하는 것이며 잘만 장착된다면 더 죄기의 필요는 없고 또 마찰저항도 작아 시일성이 좋은 패킹으로서 옛부터 쓰인다.

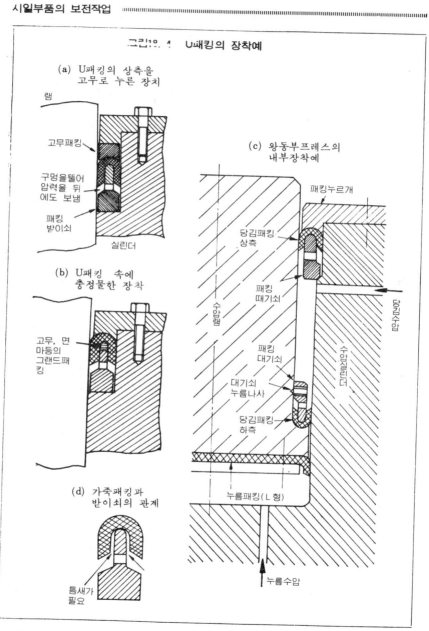

그림19. 4   U패킹의 장착예

(a) U패킹의 상측을
     고무로 누른 장치

램

고무패킹

구멍을뚫어
압력을 뒤
에도 보냄

패킹
받이쇠

실린더

(c) 왕동부프레스의
     내부장착예

패킹누르개

당김패킹
상측

패킹
때기쇠

당김수압

수압램

수압실린더

패킹
대기쇠

대기쇠
누름나사

당김패킹
하측

(b) U패킹 속에
     충정물한 장착

고무, 면
마등의
그랜드패
킹

(d) 가죽패킹과
     받이쇠의 관계

틈새가
필요

누름패킹(L 형)

누름수압

U패킹을 장착할 경우에는 립 안지름은 롯드 바깥지름 보다 약간 작게, 립 바깥지름은 실린더 안지름 보다 약간 크게 만들고 장착했을때 적당한 접면압력을 갖게 하며 또 립 직선부분이 전면적으로 접촉 되게끔 한다.

이 대표적인 사용법은 그림 18. 4 (a) (b)와 같이 적당한 고무, 면, 마의그랜드 패킹등 탄력성이 있는 것을 대며, 패킹은 항상 들어가 있는 것으로 하고 패킹 대기 쇠에는 몇개소 구멍을 내서 내외면에 압력이 걸리게 한것이다.

또 그림 18. 4 (c)와 같이 왕복동형 수압프레스의 내부에 장착해서 몇년간 조정 없이 쓰는 것도 있다.

이 패킹도 내면습동, 외면습동의 어느 것에나 쓸 수 있고 작동유체, 압력, 온도등의 조건에 따라 각종 합성고무 단체(単体)그것들에 천이 들어간 것 및 가죽등의 각종의 재질이 있으며 또 경도의 점에서도 널리 선택하게끔 돼 있다.

그러나 가죽 패킹의 경우는 물, 기름등으로 꽤 팽창되므로 그림 18. 4 (d)와 같이 대기 쇠와 패킹의 내면에는 패킹 두께의 약1/2정도의 틈새를 두지 않으면 램이 움직이지 않게 되어 때로는 패킹 누르개를 파손할 수도 있으므로 충분히 주의할 필요가 있다.

③ L 패킹의 성능과 부착방법

L패킹도 쓰기 쉽고 신뢰성이 높은 것으로서 옛부터 쓰이고 있으나 그 형상으로 봐서 팔형 패킹, 접시형 패킹, 컵 패킹등이라고도 불리우고 있다.

이 패킹도 U패킹과 마찬가지로 한 방향에 한개라고 하는 것이 기본이지만 피스톤의 끝에 부착하는 외면습동 전용이다. 그 대표적 사용예로서 그림 18. 5에 왕복동형을 들었다.

재질은 U패킹과 거의 같으며 합성고무 단체, 천이 들어간것 및 가죽의 것이고 경도도 사용조건에 따라 선택한다.

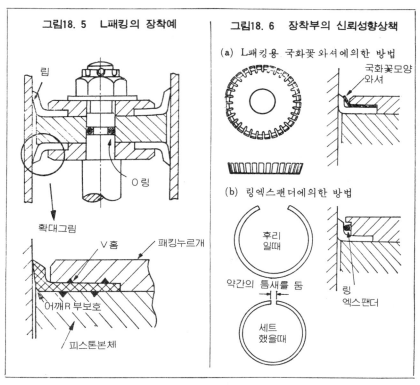

그림18. 5 L패킹의 장착예

그림18. 6 장착부의 신뢰성향상책

(a) L패킹용 국화꽃 와셔에의한 방법

국화꽃모양 와셔

(b) 링엑스팬더에의한 방법

후리 일때

약간의 틈새를 둠

링 엑스팬더

세트 했을때

립

O링

확대그림

V홈

패킹누르개

어깨R 부보호

피스톤본체

또 립 바깥지름은 실린더 안지름 보다 약간 크게 만들지만 어깨부분의 R부가 실린더 안지름에 접촉될만큼 크면 삽입이 곤란할뿐만 아니라 오히려 립 부분이 실린더 면에서 떠올라 시일을 불능하게 한다.

또한 피스톤에 부착할 경우 지나치게 죄면 어깨의 부분이 튀어나와 위와 같은 결과를 초래하므로 특히 주의한다.

이하에 L패킹을 부착할 때의 기본적 포인트에 대해 기입하기로 한다.

① 패킹 누르개는 패킹 두께의 약 10%의 누르기 여분이 있는 단(段) 달림으로 하고 지나침 죔방지의 구조로 할 것

② 패킹의 어긋남 혹은 누설 방지를 위해 누르기 면에는 가는 V홈을 1 ~2줄 설치한다.

③ 피스톤 본체의 외주부에는 패킹의 어깨의 R부 보호와 비져 나오기 방지를 위해 R을 만든다.

또한 더욱 L패킹의 신뢰성을 더하는 수단으로서 그림 18. 6 (a)와 같이 국화꽃모양의 와셔를 넣거나 (b)와 같이 링 엑스팬더를 부착하는 법이 있다.

이것들의 부품을 쓸 경う의 상세한 주의사항에 대해서는 지면 관계로 생략하지만 기술자료, 카탈로그등으로 충분히 검토한다.

④ J패킹의 성능과 부착방법

J패킹은 모자형 패킹이라고도 하며 L패킹과는 반대로 내면 시일 전용이며 특수한 형상을 갖고 있다.

대표적 장착 예를 그림 18. 7에 나타냈으나 그림과 같이 한방향 한개로 쓴다.

주요한 사용개소는 밸브스템등과 같은 저속 왕복운동, 회전부분이고 특히 한정된 스페이스의 부분에 쓰인다.

사용상의 포인트는 거의 L패킹과 같으나 기기의 내부에 장착하므로 지나친 죔에 의한 비져 나오기 상태는 체크할 수 없다.

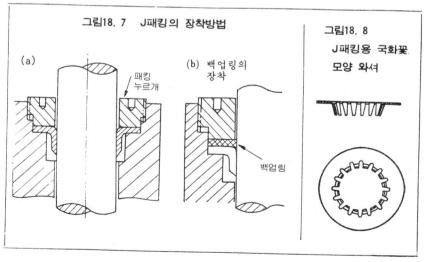

그림18. 7 J패킹의 장착방법

(a)

패킹 누르개

(b) 백업링의 장착

백업링

그림18. 8
J패킹용 국화꽃 모양 와셔

그 점 주의가 필요하지만 방지하기 위해서는 패킹 누르개에 에깨의 비져나오는 것을 방지하기 위한 R을 설치하거나 그림 18.7(b)와 같이 패킹과 같은 질의 백업 링을 부착하는 방법이 취해지고 있다.

또 이 패킹에도 립의 접면압력을 증가하기 위해 그림 18.8과 같은 J 패킹용의 국화꽃모양의 와셔가 준비돼 있다.

그러나 U패킹, J패킹의 접면압력을 더하는 수단으로서 링 엑스팬더나 국화꽃모양의 와셔를 소개했으나 어디라도 이것들을 부착하는 것은 오히려 과중장비라고 할 수 있다. 그러므로 당연히 부품의 준비나 보관의 비용과 수고를 더하게 된다.

그러므로 이와 같은 점도 생각해서 적절한 것을 정확하게 부착하는데 숙련되고 개개의 조건에 따라 적절한 방법과 부품을 선택하는 것이 중요하다고 할 수 있다.

5 그 밖의 립 패킹

최근의 기름, 공기압축 기기의 진보에 따라 시일 메이커도 연구를 거듭해 여러가지 특징이 있는 제품개발을 하고 있다.

립 패킹은 당초에는 가죽으로 만들어진 것이 거의 모두였으나 그 후 천연고무 및 천을 넣은 것으로 발전했다.

그러나 그것도 공업용으로서 쓰이는 가죽의 양에 한도가 있어서 그 대용으로서의 느낌이 강했다.

그 점 최근에는 네오프렌, 부틸고무, 니트릴고무, 우레탄고무, 실리콘고무, 불소고무등 내유, 내열, 내후, 내약품성을 구비한 합성고무가 이어서 나타났고 또한 이것들은 철형으로 자유로이 성형된다고 하는 특질도 갖고 있으므로 시일 성능면에서 추구한 합리적인 형과 성상으로 크게 진보했다고 본다.

새로운 U자형, Y자형. 립 패킹의 대표적인 것을 표18.3에 종합해서 나타냈다.

이와 같이 고무의 종류나 구성, 경도, 형상등에 의해 사용가능한 유체

눌러보고 S-S'가 체인 폭의 2~4배 정도면 적당하다.

건 다음에는 실제로 운전해 보고 느슨한 측의 체인이 불규칙하게 파도치치 않으면 양호하다.

또 축 사이의 거리가 1m 이상인 것이나 체인을 수직으로 걸거나 중하중에서의 기동정지나 역전이 있는 것은 통상의 1/2정도로 심하게 걸지 않으면 안된다.

또한 오프셋 링크만의 조절로는 아무래도 불충분한 경우에는 타이트너를 만들어 건다.

이 타이트너에는 로울러 체인에서는 안쪽에서 스프로켓으로 걸고 사일렌트 체인에서는 안쪽에서는 스프로켓으로 바깥쪽일 경우는 두개의 턱이 달린 로울러를 쓰든가 또는 평행(平形)누르기 가이드 판을 바깥쪽에서 쓴다.

4 체인의 윤활에 대해

체인과 스프로켓의 보전의 포인트는 스프로켓의 정확한 중심내기, 체인의 정확한 걸기와 윤활에 있다.

체인의 경우 그리이스 윤활로는 불충분하므로 윤활유를 쓰지 않으면 안된다.

보통 체인 전동부의 윤활방법은 표11.1과같이 네가지 형식이 있다. 개개의 형식의 득실과 급유량에 대해 분류했다.

표11. 1 체인 급유법의 분류

급유형식	급 유 법 과 득 실		급 유 량
I	손치기급유 (저속용)	체인의 늘어진측의 안측에서 핀, 로울러링크의 틈새를 향해 엔진래퍼 또는 브러시로 급유한다. 회전중에는 위험하므로 손돌리기, 인칭운전해서 급유한다. 부근에 기름이 튀어서오염되고, 바닥면이 미끄러움등 위험성이 많으며 공해방지상 좋은법은 아니다.	매일아침 기동시 운전원이 쵠인을 점검하여 핀, 로울러부가 건조돼 있지 않을정도로급유한다.

II	적하급유 (저속용) 	간단한 케이스를 써서 오일러에서 적하시킨다. 핀, 로울러링크부에 떨어지게 연구한다. 케이스안에 남은 기름을 정기적으로 빼낼것	매일아침 기동시에 운전원이 오일러스핀들을 세워서 1분간에 5～10방울정도 떨어지게 한다.
III	유욕윤활 (중, 저속용) 	기름이 누설되지 않는 케이스를 쓰며 스프로켓하부를 기름속에 넣어둔다. 유량감소에 주의가 필요	체인이 기름속에 잠겨 있는 부분, h = 6～12 mm로 한다. 유량이 지나치게 많으면 열화가 빠르다.
III	회전판에의한 윤활 (중, 고속용) 	기름이 누설되자 않는 케이스를써서 회전판을 부착해서 비말을 받아 적하함. 회전판의 주속은 200m/분 이상이 필요, 체인폭이125 mm이상인 경우는 회전판을 스프로켓 양측에 부착한다. 급유법으로서는 거의 완벽하다.	체인은 기름에 잠기지 않는다. 회전판은 기름속에 잠기고 h=12～25mm로한다.
IV	강제펌프윤활 (고속, 중하중용) 	기름이 누설되지 않는 케이스를 써서 펌프에의해강제순환시킨다. 다열체인에는 개개의 풀레이트부에 급유하게끔 급유구를 설치한다.	1 급유구에 대한 급유량의 개략 체인속도 m/분 / 급유량 ℓ/분 500～800 / 1.0～2.5 800～1,100 / 2.0～3.5 1,100～1,400 / 3.0～4.5

앞력은 공기 압축기기와 같은 저압의 것으로 부터 1000kg/cm²에 이르는 초고압, 고온까지 넓은 범위에 적용된다.

다음에 이것들에 공통되는 특징을 종합한다.

① 1개소에 1개를 쓰고 패킹 누르개로 죄지 않고 단일 홈에 끼워 넣고 쓸 수 있다.

표18. 3 기타의 주요한 립패킹

명칭	형 상	사 용 조 건
U 패 킹	고압형 중압형 저압형	허리부분은 각형, 천이 들어간것도 있으나 대부분 합성고무 단체로 만들어지고 200℃이하의 고·중압형은 유압용, 저압형은 공압에 많이 쓰인다.
보 강 재 입 패 킹	금속보강재 백엎링 고무U패킹	좌측그림은 외습(外褶)용으로서 쓰이는 보강재가 들어간 대표적형상 고유압용으로 쓰임 백엎링은 테프론, 나일론, 테르린등의 합성수지제를 쓴다.
Y 패 킹	장착예 수어댑터	주로 천이들어간 고무제이고 고압의 기름, 수압플런져등에 몇개 합쳐 쓴다. 패킹누르개로 죄서 쓴다. 수압에 사용시는 그라파이트그리이스등으로 충분한 윤활이 필요
입술형 패 킹	외습용 내습용 장착예 스페이서 링 패킹 냉각액 입구 랜턴 링	천이들어간 고무제이고 립은 얇고, 습동면에 친근해지기 쉽게 만들어지며 고압용이고 압력변동에도 잘 견디며 기름수압의 플런져에 많이 쓴다. 습동면에는 냉각, 윤활이 피요하며 스페이서링 없이도 쓴다.

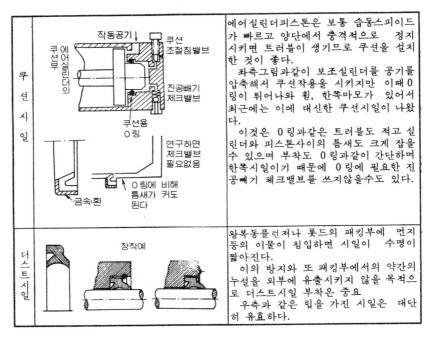

쿠 션 시 일	에어실린더피스톤은 보통 습동스피이드가 빠르고 양단에서 충격적으로 정지시키면 트러블이 생기므로 쿠션을 설치한 것이 좋다. 　좌측그림과같이 보조실린더를 공기를 압축해서 쿠션작용을 시키지만 이때 O링이 튀어나와 휨, 한쪽마모가 있어서 최근에는 이에 대신한 쿠션시일이 나왔다. 　이것은 O링과같은 트러블도 적고 실린더와 피스톤사이의 틈새도 크게 잡을 수 있으며 부착도 O링과같이 간단하며 한쪽시일이기 때문에 O링에 필요한 진공빼기 체크밸브를 쓰지않을수도 있다.
더 스 트 시 일	왕복동플런저나 롯드의 패킹부에 먼지 등의 이물이 침입하면 시일이 수명이 짧아진다. 　이의 방지와 또 패킹부에서의 약간의 누설을 외부에 유출시키지 않을 목적으로 더스트시일 부착은 중요 　우측과 같은 립을 가진 시일은 대단히 유효하다.

　② 습동(摺動)스피이드가 빠르고 O링이 비틀어져 손상될 경우에는 거의 그대로 Y패킹으로 바꿀 수 있는 것이 있다.

　③ 백업 링이나 보강재를 병용하면 초고압에서도 쓴다.

　④ 장착한 패킹의 시동 마모저항은 휴지(休止)중의 시간의 길이에 따라 영향을 받으나 예컨대 O링에 비해 이것이 대단히 적다.

　⑤ 역압(逆压)을 받을 경우라도 간단히 연구에 의해 패킹의 손상 방지를 할 수 있다.

　⑥ 에어 실린더의 쿠션부에 O링을 쓴 것에는 사용조건에 따라 O링이 튀어나오거나 비틀림, 편마모를 일으킬 경우가 있다. 적절한 립 형의 쿠션 시일을 쓰면 이것들의 트러블을 해소할 수도 있다고 본다.

　그러나 이것들의 U형, Y형의 패킹도 만능이라고 볼 수 없다.

　내열성이 높은 고무를 쓰고 있더라도 거의 200℃가 한도이고 또 습동면도 재래형 패킹에 비해 3S이내의 높은 마무리면이 필요하다.

예컨대 이것을 피스톤용으로 쓸 경우에는 실린더 안지름과 피스톤 본체의 틈새를 될 수 있는대로 적게 할 것, 장착시에는 특히 립을 손상시키지 말 것등 세심한 주의를 한다.

개개의 조건에 대해서는 규격, 편람, 카탈로그등을 보고 충분히 검토한 다음 쓴다.

19 O링의 이점과 사용상의 문제점

O링은 단면이 원형의 윤상의 패킹이고 일반적으로 그림 19. 1과 같이 홈에 부착되어 쓰인다.

이것은 세계 제2차대전 중 항공기의 유압계통의 패킹으로서 쓰여져 그 높은 성능이 입증됐으며 미국 공군에 의해 표준화 됐다.

그 후 항공기는 물론 일반의 유압기기에서 또한 공압기기에까지 널리 보급되어 우수한 성능을 발휘하고 있다. 그 하나의 이유로서 O링에 쓰이는 재료의 합성고무가 현저한 진보를 이루었다고 하는데 있다.

여기서 우선 O링이 가진 기본적인 이점을 들어 보면

① 형상이 심플 또한 콤팩트하고 사용조건에 의한 응력에 대해서도 안정 돼 있으며 그 때문에 기기의 구조가 간소화된다. 이것은 다른 패킹에는 없는 잇점이다.

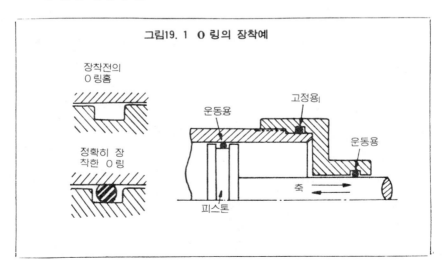

그림19. 1 O 링의 장착예

장착전의 O링홈

정확히 장 착한 O링

운동용

고정용

운동용

축

피스톤

② 장착, 교환이 쉽고 항상 동일조건으로 유지된다. 즉 적절한 설계와 취급을 하면 장착후라도 조정이 필요 없고 장시간 수명이 유지된다.

③ 자기 밀봉작용을 가지며 1개소 한개의 사용으로 밀봉성을 다하고 방향성이 없으므로 복동형에도 한개의 장착이면 된다.

④ 운동부용으로서 쓰일 경우의 마찰저항은 비교적 낮은 편에 속함.

⑤ 치수정도는 고무제품 중에서 최고이고 또한 가격은 싸다.

⑥ 넓은 범위의 압력, 온도, 유체, 용도(정지부, 왕복동부)에 쓰인다. 단 회전부분에서는 부적당하다고 보는 편이 무난하다.

O 링 및 그 관련의 규격으로서는 미국의 군용규격, 공업규격을 위시하여 일본, 영국, 스웨덴 기타 각국에서 항공기용, 자동차용, 일반공업용의 규격으로 정해져 있다.

이와 같은 상황이므로 다른 기계요소부품과 비교하면 그 사용조건도 어느정도 명확하다고 할 수 있으나 실제의 보전현장에서는 O 링에 의한 트러블도 많고 앞에서 기술한 이점의 이면에는 아직 약점이 있다고 보는 것이 좋다.

일반적으로 실험연구 데이터나 메이커의 카탈로그에서는 원리원칙을 바탕으로 한 이상적인 사용조건과 이점이 강조 돼 있을 경우가 많지만 공장현장에서는 쉽게 그렇게 할 수도 없어서 여기서는 유저의 입장에서 몇가지 문제를 제기하고자 한다.

① O 링은 이물(異物)에 약하다.

O 링은 슬러리를 취급하는 기기에는 부적당하다고 본다.

또 기름, 공기압축기기에서도 작동 유체중에 금속마모분, 먼지, 녹, 슬러지등이 들어오면 우선 최초에 O 링이 마모, 손상을 일으킨다.

특히 전자밸브의 파일롯 밸브나 전환밸브, 도피밸브등 움직임이 적은 장착부는 이물의 체류장소가 되기 쉽고 O 링의 마모, 고착을 초래하기 쉬운 것이다. 그 점 이 종류의 고형물의 생성, 혼입방지와 정기적 배제는 보전기술상의 포인트가 될 것이다.

② O링은 마모에 약하다.

마찰이 있는 곳은 반드시 마모가 일어나는 것은 당연하다.

O링이 마모되면 다른 패킹과 같이 더 죌 수 없어서 누설, 비틀림, 틈새에로의 파고들기가 쉬워진다.

그러므로 O링의 습동부는 다른 패킹과 비해 고정도(규격에서는 1.5S)이어야 한다. 또 습동속도나 거리에도 관계되지만 특히 윤활을 잊어서는 안된다.

액체를 취급하는 기기에서는 그 액체가 윤활의 역할을 한다고 봐도 거의 틀림이 없으나 공기 압축기기에서는 보통 작동공기중에로 오일러로 소량의 윤활유를 분무시킨다.

또 가스체나 그 분위기 중에서는 O링 가까이에 홈을 내서 펠트를 채우고 윤활유를 배어 들어가게 하거나 그리이스를 채워둔다.

또한 휘발성 용제의 분위기 중에서는 내용제성이 높은 그리이스를 선택하거나 습동면에 고체 윤활제(테플론, 二유화 몰리브덴, 질화붕소)를 도포 또는 코오팅해서 해결 한 경험이 있다.

③ 장착 된 O링의 성능시방이 불명확

예컨대 퍼어크 리프트나 그밖에 유압기기를 쓴 산업차량등에는 구입할때 파아츠 리스트가 붙어있다.

그러나 그 파아츠 리스트에는 O링의 치수는 기재 돼 있으나 재질이나 경도에 대해서는 명시 돼 있지 않다.

따라서 O링을 바꾸거나 예비품을 구입할 경우 기계 메이커에서 구입하는 것이 현상이다.

그렇게 하면 시일 메이커의 것보다 2~3배 비쌀 때가 있고 또 기계 메이커에서는 재고량, 품종이 적을때도 있어서 때로는 입수기간이 길어지거나 한다.

또 일반 산업기계에서도 전문 메이커의 유체기기가 쓰이고 있을 경우는

O 링이나 그.밖의 패킹류를 입수할때 비교적 조사하기는 쉬우나 기계 메이커가 독자적으로 설계한 구조부분의 O 링등은 트러블이 생겼을 때 대단히 곤란하다.

치수는 장착부분에서 추정은 되지만 재질이나 경도는 시일 메이커에 갖고 가서 조사해 달라고 해야 한다.

이것도 또 필요없는 수고를 해야 한다.

개개의 부품의 정도, 성능에 대해서는 개개의 메이커의 노우하우로서 명확히 하지 않는 자세도 볼 수 있으나 유저로서는 구입시의 계약사항으로서 단지 O 링뿐만 아니라 필요한 보수부품의 도면이나 성능, 시방을 제출시켜 기술적 주체성을 가질 필요가 있다.

4 교체시에는 손상시키지 않게 세심한 주의를

이것도 전항과 같으나 전문 메이커의 유체기기는 O 링을 장착할때 각각 전문적인 지그를 써서 손상시키지 않게끔 손쉽게 장착한다.

일반 산업기계 중에는 아무리 생각해도 O 링이나 립 패킹을 손상시키지

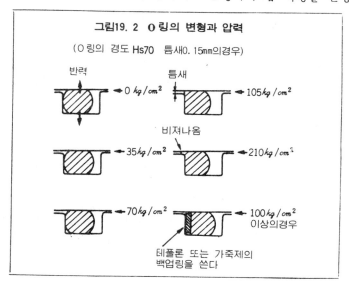

그림19. 2 O 링의 변형과 압력

(O 링의 경도 Hs70   틈새0. 15mm의경우)

반력

틈새

← 0 kg / cm²   ← 105kg / cm²

비저나옴

← 35kg / cm²   ← 210kg / cm²

← 70kg / cm²   ← 100kg / cm²
이상의경우

테플론 또는 가죽제의
백업링을 쓴다

표19. 1   O 링의 고무재료에의한 분류

종 류	고무재질	경도Hs	사 용 조 건
1 종 A 1 종 B	니트릴고무 (NBR)	70 90	특히 고무재질을 지정치않고 구입했을때는 이 니트릴 고무가 쓰이며 가격도 제일싸다 내광물유용이며 일반공업용작동유, 윤활유에 적합하고 유압, 공압, 수압용으로 쓰인다. 적용온도 −30~150℃이고 경도Hs 90은 100kg/cm² 이상의 고압용으로 분류 사용한다
2 종	니트릴고무 (NBR)	70	고무배합을 내가솔린용으로한 것이고 머신유, 스핀들유등에도 적합하며 기타의 조건은 상기와 거의 같다.
3 종	스티렌고무 (SBR)	70	내동식물용이고 내유성이 못하며 자동차브레이크오일(알콜계)에 적합하고 물, 글리콜계에도 쓰인다. 적용온도는 −30~120℃
4 종 C	실리콘고무 (Si)	70	합성고무중 최고의 내열, 내저온성이고−70~230℃까지 쓰이며 내유성이 있다. 기계적 강도가 못하므로 주로 정지부 가스켙 으로서 쓰인다. 단 고온증기에는 좋지않으므로 주의가 필요
4 종 D	불소고무 (FRM)	70	실리콘고무에 이은 −70~200℃의 내열성이 있고 고가이지만 니트릴고무로는 무리인 고온유압, 내약품성을 요구하는 곳에 쓰인다. 또 10⁻⁸~10⁻¹⁰mmHg의 초고진공 에도 견디는 유일한 고무재료
규격에의하지않은 것	부틸고무 (IIR)	70	광물유에는 부적당하지만 내후성, 기계적강도가 좋고 불연성작동유(인산에스테르계)나 가열증기등 −50~150℃까지 쓴다. 통기성도 적어 10⁻⁷mmHg의 고진공용으로서도 쓰인다.
	네오프렌고무 (CR)	50~80	아닐린점이 낮은 광물유나 인산에스테르계 작동유에는 팽창되므로 부적당하지만 내후성, 내열, 내약품성, 굴곡성이 있으며 −40~120℃에서 저온성도 좋다. 공압, 약품용과 프레온, 암모니아등냉매용에적합
	우레탄고무 (U)	60~90	다른 합성고무에 비해 기계적강도가 크고 내압, 내마모성이 우수하며 내유, 내후성도 갖고 있으므로 고압, 내마모용으로서 기름 공압용으로 쓰인다. 그러나 온수, 산, 알칼리 용액등에 부적당, −30°~80℃까지 가능

않고 장착할 수 없는 설계나 공작물을 본다.

보전기술자는 이것을 빠뜨리지 말고 부품형상이나 장착방법을 연구, 개선하는 기술을 가질 것과 시간적인 여유가 있으면 메이커를 불러 크레임처리를 하게끔 한다.

이상 외에 더한층 세밀한 점이나 테플론 O 링, X 링, T 링등 특수한 링에 관한 것도 있으나 지수의 관계로 생략한다.

그림19.2에 O 링의 압력의 관계를 또 표19.1에는 규격이나 각종 자료를 종합해 두었으므로 사용상의 가늠으로서 참고하기 바란다.

보전현장에서 O 링을 정확히 취급하고 개선하기 위해 규격이나 참고 자료에 의해 충분히 연구하기 바란다.

20 오일 시일의 선택과 착탈작업의 노우하우

오일 시일의 일반적인 구조는 그림20. 1과 같이 패킹부, 스프링, 바깥측 보강환(補强環)의 세 가지 부분으로 성립돼 있다.

주체의 패킹부는 합성공무로 만들어 지고 축면에 접하는 부분은 예리한 립을 형성하여 밀봉의 역할을 다하고 있다.

또 가아터형의 스프링은 립이 항상 일정한 긴박감을 감고 축에 접하는 작용을 하며 또한 금속환에 의해 패킹을 보강하고 또한 오일 시일의 끼워 맞춤을 정확, 완전히 하고 있다.

이것은 그림20. 2와 같이 부착해서 회전축의 베어링부에서 윤활유가 누설되는 것을 방지하기 위해 쓰인다.

일반적으로는 극히 작은 유압의 누설방지에 쓰이지만 그중에는 1~2kg/㎠정도의 압력유에 쓰는 구조의 것이나 윤활유뿐만 아니라 그리이스나 물, 기타의 액체에 쓰는 것도 있다.

또 외부에서의 먼지, 쓰레기나 흙탕물 등의 침수를 방지하는 역할을 할 수도 있으므로 산업기계는 물론 자동차, 철도차량, 건설기계, 기타 모든

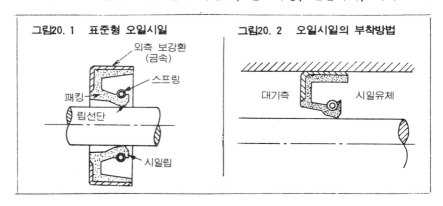

그림20. 1 표준형 오일시일

외측 보강환 (금속)
스프링
패킹
립선단
시일립

그림20. 2 오일시일의 부착방법

대기측
시일유체

기계의 회전축에는 널리 쓰이고 있다.

현재의 오일 시일은 구조, 형상, 재질등의 연구가 진보돼 그 선택과 취급을 적절히 하면 거의 모든 용도에 충분한 성능을 발휘시킬 수 있다고 본다.

여기서 우선 오일 시일의 특징을 종합해 보면,

① 베어링측에서의 윤활유의 누설을 방지하고 또한 외부에서의 먼지, 물, 기타 유해물의 침입을 방지할 수 있다.

② 다른 회전부 시일에 비해 형상은 작고 부착, 떼내기가 간단하며 비교적 저토오크, 밀봉성이 좋다.

③ 구조, 재질등 많은 종류가 표준화 되고 싸서 구입하기 쉽다.

④ 표준품은 압력0.1kg/cm²이하, 주속10~15m/sec, 5000rev/min 정도의 밀봉성이 있다.

⑤ 오일시일 부착편심은 0.1mm, 축 흔들림은 0.2mm 정도까지 허용되며 이것들은 통상의 기계가공 및 조립정도가 대단히 편하다.

① 오일 시일의 종류와 선택의 가늠

오일 시일은 대단히 광범위한 용도를 갖고 있으므로 유체의 종류, 온도, 압력, 속도 등에 따라 구조, 형상, 재질에도 많은 것이 만들어지고 있다.
이것들을 그 작동방법, 구조, 립 형상등으로 보기로 한다.

1 - 1 작동방법으로 본 오일 시일

오일 시일의 기본은 회전용이라고 한다.

드물게는 왕복운동용으로도 쓰이지만 예리한 립 부는 심한 왕복운동에 의해 마모되기 쉬우므로 피해야 하며 오히려 왕복운동용에는 O 링을 쓰는 편이 좋을 것이다.

작동면에서 보면 내면 시일형이 대부분이지만 축에 부착해서 쓰는 외면 시일형도 있다.

그러나 동일치수의 경우에는 당연히 외면 시일이 주속이 커서 마모에 대해 불리해지고 또 축에로의 부착은 복잡해지므로 특수한 경우를 제외하고 일반적으로는 피하는 편이 무난하다.

1 - 2 구조로 본 오일 시일

(1) 외주 금속형

외주보강환(外周補強環)은 형상에 따라 외주 금속형과 외주 고무형 으로 분류되지만 외주 금속형은 하우징이 경합금등의 경우 열팽창계수의 차에 의해 끼워맞춤이 느슨해질 경우가 있다. 그러므로 온도조건을 주의한다. 또 극히 대형의 오일 시일에서는 고무부분과 금속환을 소착하지 않고 조립한 것이 있으나 이것은 오일 시일 제작상 형편에 따른 것이며 성능상 문제는 없다.

(2) 외주 고무형

외주 고무형은 하우징에 끼울 경우 불건성 액상패킹이나 그리이스등을 얇게 칠해두면 비교적 쉽게 끼워 맞출수 있으므로 꽤 많이 쓰이고 있다고 본다.

단지 합성고무는 의외로 압축 영구왜곡이 많으므로 장기간(2~3년 이상)의 사용에 의해 하우징에로의 끼워맞춤에 느슨해짐을 일으킬 경우가 있다.

또 합성고무는 작동유체의 종류에 따라서는 문제가 될 정도의 팽윤, 혹은 수축을 일으킬 경우도 있다. 특히 수축이 심한 조합의 경우 내면 시일형 오일 시일이 축과 함께 회전하고 있었다라고 하는 보기드문 현상을 경험했을때가 있다.

이것은 합성고무의 왜곡, 수축의 문제뿐만은 아니었으나 오일 시일의 구조, 재질에 대해서는 충분히 주의한다.

(3) 분할형

분할형은 축의 끝에서 삽입할 수 없을 경우에 쓰인다.

고무 단체이면 1개소를 절단해 두면 부착이 가능하지만 보강 금속환이 있는 것은 두개로 나누지 않으면 부착할 수 없다.

하여간 절단구가 있으므로 밀봉성능은 떨어져 그다지 좋은 방법이라고는 할 수 없다.

보통 축을 분해하면 오일 시일을 부착할 수 있지만 오일 시일만을 바꾸기 위해 축을 분해하는 것은 지나친 수고가 된다고 하는 경우 이 분할형 오일 시일의 사용을 생각한다.

단지 이 경우 축의 분해주기와 시일 수명을 일치시키는 노력이나 때에 따라서는 미리 예비 시일을 축에 1~2개 끼워두고 불량해진 시일은 절단해 번린다고 하는 것도 생각할 수 있다.

1 - 3 립 수로 본 오일 시일

보통 쓰레기, 이물등의 걱정이 없는 곳에서는 그림20.3(a)의 단(單) 립형이 쓰인다.

또 약간의 이물이라면 그림20.3(b)의 복(複)립형이 쓰이지만 이 립은 간단한 형상이므로 충분한 이물의 침입방지는 기대할 수 없다.

이러할 경우에는 (c)와 같이 시일 하우징을 개조해서 2개 등을 지게 해

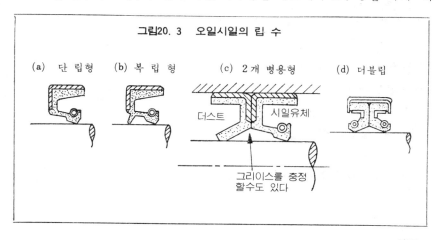

그림20. 3   오일시일의 립 수

(a) 단 립형   (b) 복 립형   (c) 2개 병용형   (d) 더블립

더스트   시일유체

그리이스를 충정
할수도 있다

서 쓰면 안심이 된다.

또 이것과는 다른 의미에서 물 기타의 윤활성이 낮은 액체의 경우에는 립의 마모가 문제가 되므로 그 공간에 그리이스를 채워서 윤활을 좋게하여 오일 시일의 수명연장을 도모한다.

또한 2방향의 시일을 필요로 할 경우에는 그림 20.3 d 의 더블 립도 시판되고 있다.

1 - 4 스프링의 유무에서 본 오일 시일

오일 시일의 립 안지름은 자유인 상태일때 이미 축 지름보다 약간 작게 만들어져 있으며 축에 부착했을때 적당한 쥠 여분을 줄 수 있게끔 돼 있다.

따라서 스프링이 없을 경우라도 립과 축 사이에는 어느정도의 압력이 작용하고 있으나 시간의 경과와 함께 고무가 늘어져 이것을 보충하는 의미에서 가아더 상태의 스프링이 쓰이는 것이다.

이 스프링은 고무의 탄성이나 쥠 여분의 관계상 메이커에서 충분히 검토된 것이 부착돼 있으므로 보전현장에서는 스프링을 세게 하거나 약하게 하는등의 일을 하지 말고 그대로 쓰는 것이 좋다.

옛말이 되지만 아직 합성고무가 발달돼 있지 못했던 시대의 오일 시일은 가죽제의 J패킹을 조합해서 만들어져 있었다.

여기에는 J패킹의 항에서 기술한 국화꽃 모양의 와셔와 같은 스프링이 쓰여져 있고 합성고무로 된 다음에도 초기경에는 국화꽃 모양의 와셔가 쓰여져 있었던 기억이 난다. 현재는 가죽제 오일 시일은 볼 수 없다.

1 - 5 재질로 본 오일 시일

(1) 합성고무 재료에 대해서는 규격에 니트릴 고무 (A, B) 와 아크릴 고무 (C)에 대해 규정돼 있다. 이 책의 립 패킹, O 링에서 기술한 것을 참조하기 바란다.

(2) 스프링 재료에 대해서는 경강선 (硬鋼線), 피아노선이 일반용으로 쓰이나

내수성 으로는 인청동, 내부식성, 내약품성으로는 스테인레스의 것이
만들어져 있다.

(3) 금속환에도 일반용으로는 냉연강판이 쓰이고 있으나 내수성으로는 황강
판, 내식성, 내약품성으로는 스테인레스강의 것이 만들어져 있으며 각각
작동유체의 성설과 오일 시일의 실정을 잘 봐서 문제가 있으면 적절한 재
료를 선택한다.

② 표준형 오일 시일

오일 시일은 이미 기술한 바와같이 많은 종류의 것이 있으며 메이커도
각각 연구해서 실용시안의 관련도 있다.

사용상은 특수한 경우를 제외하고 일반적으로는 규격에 명시돼 있는 표준
형 속에서 선택하는 편이 보전기술상이나 부품관리상으로도 간소화 된다고
본다. 표준형의 주요한 것을 표20. 1에 종합했다.

표20. 1 표준 오일시일의 예

종 류	기호	단 면 형 상	사 용 조 건
스프링이 들어간 외주고무	S		일반적으로 오일시일의 대표적인 것으로 서 가장 많이 쓴다. 외부에서 더스트, 이물등이 침입할 염려가 없는 곳
스프링이 들어간 외주금속	SM		S와 같음 단 외주고무와 금속의 분류사용에 대해 서는 전항선택의 포인트 1~2 구조인 곳 을 참조
스프링이 들어간 조립	SA		SM과 같음 S, SA등, 금속환에 고무를 소착제작한 것과 성능은 기본적으로 변함이 없다.
스프링이 없는 외주고무	G		저속, 상온의 개소에서의 그리이스 밀봉 용, 또는 S형과 조합해서 더스트 시일용 으로서 쓴다.
스프링이 없는 외주 금속	GM		G와 같음

스프링이 없는 조립	G A		GM과같음
스프링이 들어간 외주고무 먼지막기달림	D		외부에 다소의 더스트가 있는곳에 씀
스프링이 들어간 외주금속 먼지막기달림	D M		D와같음
스프링넣기 조립 먼지막기달림	D A		DM과같음

또한 이 이외의 것에 대해서는 지면의 형편상 생략하지만 필요에 따라참고자료나 메이커의 카탈로그등으로 검토하여 특징이나 성능등을 충분히 알고 사용한다.

③ 장착탈과 취급상의 주의

오일 시일은 적절한 선택과 정확한 장착에 의해 비로서 그 성능이 충분히 발휘된다.

특히 립 끝을 손상시키면 삽입후 그 상처는 크게 넓어져 누설의 원인이 되므로 절대로 손상시키지 않게끔 한다.

또 하우징에로 삽입할때 다소 기울더라도, 금속판 정형품이므로 강하게 두드리면 들어가지만 왜곡이 생긴다.

메이커의 카탈로그등에서는 오일 시일을 장착할때는 반드시 지그를 쓰게 끔 그림 20.4 (a) ~ (b)와 같은 방법을 소개하고 있다.

그러나 이와 같은 방법도 오일 시일을 전문적으로 장착하는 공장에서는 가능하지만 산업기계의 보전현장에서는 메이커의 이상론도 적용하기 힘든 것이 현실이다.

그러므로 이와 같은 지그가 없어도 오일 시일을 손쉽게 장착탈할 수 있는 방법을 2~3소개한다.

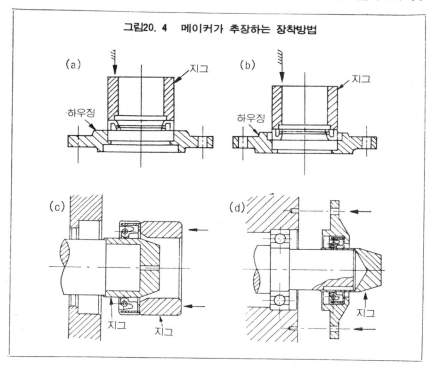

그림20. 4 메이커가 추장하는 장착방법

3 - 1 하우징 에로의 부착

오일 시일을 하우징에 부착할 때 그림 20. 4(a)와 같은 중공(中空)의 지그대신 10~20mm두께의 평철판을 써서 그림20. 5(a)와 같이 대고 중심을 해머로 가볍게 두드리면서 경사지지 않게 넣는다.

이 경우 대기 판을 그림20. 5(b)와 같이 직각으로 돌리면서 두드려 넣는 것이 웃점이다.

오일 시일이 하우징의 상면까지 꽉 들어 가고 또한 가라앉을 여지가 있으면 베어링 조립의 항에서 기술한 베어링 두드려 넣기 지그를 써서 그림20. 5(c)와 같이 시일의 원주를 가볍게 두드리면서 소정의 위치까지 넣으면 된다.

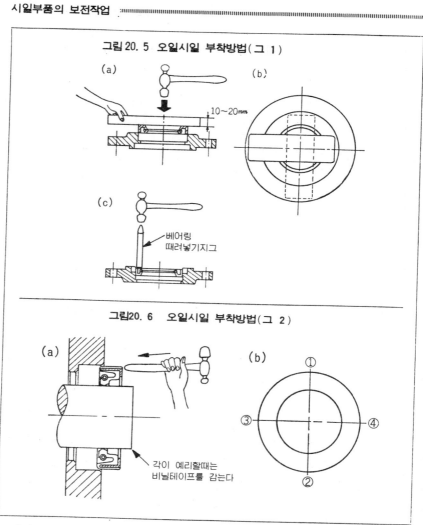

그림20. 5 오일시일 부착방법(그 1)

(a)

(b)

10~20mm

(c)

베어링
때려넣기지그

그림20. 6 오일시일 부착방법(그 2)

(a)

(b)

① ③ ④ ②

각이 예리할때는
비닐테이프를 감는다

　시일 하우징에 이미 축이 약간 나와 있는 그림20. 5와 같은 경우　특히
지그는 필요없다.

　축의 끝은 조립하기 전에 반드시 면따내기를 해 두어야 하지만 현실적으
로 각이진 축이 약간 나와 있을 경우에는 전기배선용의 점착 비닐 테이프
를 축 끝에 감아 오일 시일의 립이 손상되지 않게 보호를 해야 한다.

다음에 그림 20.6(a)와 같이 하우징에 시일을 대고 해머 손잡이로 가볍게 두드려 넣는다.

해머는 머리부분만이 쓸 수 있는 것은 아니다. 이렇게 하면 강하게 두드릴 수 없으므로 오히려 형편이 좋다.

두드리는 위치는 (b)의 번호의 순으로 위치를 바꾸어 가면 기울어서 들어가지 않는다.

이 경우도 시일이 하우징 보다 더 가라앉은 것 같으면 최후에는 베어링 두드려 넣기 지그를 써서 소정의 위치까지 넣는다.

3 - 2 축의 키이 홈이나 나사부의 처치

오일 시일 립이 통과하는 부분에 키이 홈이 있으면 립이 손상되지 않게 키이 홈의 각을 면 따내기 한다라고 카탈로그에 있다.

그러나 원래 키이 홈은 큰 면따내기를 하면 강도가 떨어질뿐만 아니라 형상으로 봐서 면따내기가 대단히 힘들다.

그림 20.7(b)는 알기 쉽게 그린 그림이지만 키이 홈위에 전기배선용 점착 비닐테이프를 감고 그리이스를 얇게 칠해서 삽입한다.

이와 같이 하면 앞의 그림 20.4(d)와 같은 지그를 만들 필요는 전혀 없는 것이다.

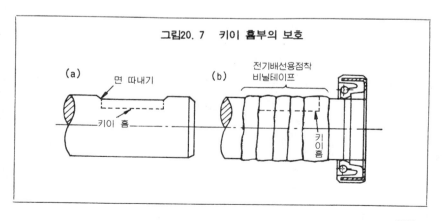

그림20. 7 키이 홈부의 보호

(a) 면 따내기 키이 홈

(b) 전기배선용점착 비닐테이프 키이 홈

또 나사부나 예리한 각등도 비닐테이프를 감아두면 간단히 처치 할 수 있다.

3 - 3 떼내는 방법

힘들여서 부착한 오일 시일도 장시간 후 마모돼 바꿔야 할 때가 언젠가는 온다.

그러나 지금까지 예로 해서 그림에 나타낸 오일 시일은 하우징에서 간단히 떼낼 수 있을까 한번 더 생각해 본다.

펜치로 집어서 뺄수 있을까. 정으로 대고 두드리면 빠질 것인가. 드라이버로 쑤셔도 잘 안될 것이다.

이와 같은 것을 보전성 (메인테너빌리티)이 불량한 설계라고 한다.

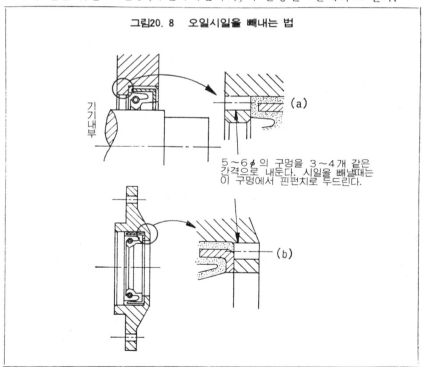

그림20. 8 오일시일을 빼내는 법

기기내부

5~6φ 의 구멍을 3~4개 같은 간격으로 내둔다. 시일을 빼낼때는 이 구멍에서 핀펀치로 두드린다.

(a)

(b)

적어도 보전기술자라면 부착한 부품을 간단히 떼낼 수 있느냐, 없느냐 하는 점은 생각해 두어야 한다.

물론 끼워맞춤을 헐겁게 해서 떼내기가 간단하다고 하는 것은 사용중에 빠지므로 더 말할 필요가 없다.

그림20.8과 같이 누설에 관계가 없는 부분에 빼기 구멍을 내두면 된다.

이와 같은 것은 실제로 작업에 있어서 경험이 없는 설계자는 생각이 나지 않는 것이므로 보전기술자가 설계부문에 피이드백해서 다음 부터 보전성이 좋은 설비를 하는 것이 중요하다.

3 - 4 그 밖의 주의사항

(1) 축의 흉터, 상처등은 립 손상의 원인이 된다.

축에는 이외로 흉터, 찰과상, 녹등이 나 있다.

이것은 오일 시일을 삽입할때 립을 손상하게 하므로 제거한다. 또 흉터에는 반드시 돌기가 있으므로 줄칼로 가볍게 깎아두어야 된다.

또한 선반의 바이트 자국은 물론 연삭 다듬질 면도 립을 마모시키는 원인이 될 때도 있다.

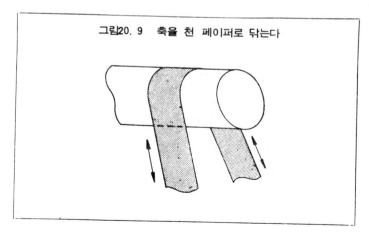

그림20. 9   축을 천 페이퍼로 닦는다

최종적으로 그림20. 9 와 같은 #220~240의 천 페이퍼를 감아 가볍게 닦는다.

(2) 오일 시일 장착부의 칠의 점검

새로운 기계를 구입했을때나 오우버 호울 했을때는 최후에 외부도장을 한다.

이 경우 부주의 한 메이커나 업자는 오일 시일 장착부도 생각치 않고 도장을 한 것을 볼 수 있다.

그 때 시일 립에 까지 도료가 들어 갔을 가능성이 있어서 누설의 원인이 된다.

후에 누설로 고생하기 보다 시초에 잘 점검해 두자.

(3) 립부 이외의 부분에서의 누설에 주의

주의해서 오일 시일을 힘들여 부착하고 립부에서의 누설은 없어도 외주부나 하우징과 본체 침부에서 누설될 때가 있다

외주 누설의 대부분은 하우징 내면 마무리 불량과 끼워맞춤 불량이 원인이다. 이것은 불건성 액상 패킹을 얇게 칠한 다음 시일을 장착하면 방지할 수 있다.

단지 이 경우도 여분의 액상 패킹이 흘러 립에 부착되지 않게 주의할 필요가 있다.

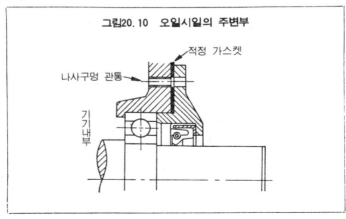

그림20. 10 오일시일의 주변부

또 그림 20. 10과 같이 하우징부착의 나사구멍이 관통 돼 있을 경우에는 나사부를 지나 누설이 생긴다.

가스켓두께, 재질, 적정한 죔 힘 나사 시일등 오일 시일의 부착에 있어서는 주변의 부분에도 세심한 주의를 한다.

21 미커니컬 시일의 구조와 세정, 냉각방법

미커니컬 시일은 그림21.1과 같이 회전축에서의 누설을 그랜드 커버에 부착한 시이트 링(보통은 카아본 그라파이트제)의 단면과 밀봉단면의 마모에 따라 축 방향으로 움직일 수 있는 종동(從動)링(보통은 금속제)과의 사이에서 서로 회전 습동하면서 유체누설방지를 하는 것이다.

이 습동면은 평탄하게 또한 경면(鏡面)랩 마루리가 돼 있으나 미커니컬 시일의 밀봉성능은 이 습동면의 양부가 크게 영향을 미친다.

미커니컬 시일은 적절한 선택과, 사용을 하면 다음과 같은 이점을 발휘

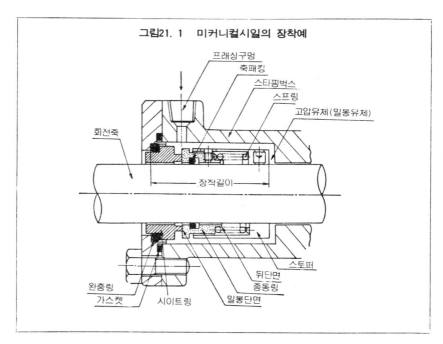

그림21. 1   미커니컬시일의 장착예

프래싱구멍
축패킹
스타핑벅스
스프링
고압유체(밀봉유체)
회전축
장작길이
스토퍼
뒤단면
종동링
완충링
가스켓
시이트링
밀봉단면

할수 있다.

① 누설은 없음, 또는 극히 적다.

② 축면을 마모시키지 않는다(습동면이 축에 접촉돼 있지 않음)

③ 접촉면이 작고 마모손실이 적다.

④ 마모에 따라 자동조정이 되고 수명이 길며 운전중 조절필요 없음.

⑤ 고온, 고압, 고속등의 조건으로 쓰인다(최고압력 450kg/㎠, 주속 150 m/sec, -200~700℃)

⑥ 고, 유체의 혼합액, 부식성액, 윤활성이 없는 액등에도 쓰인다.

⑦ 소형이고 종래의 그랜드 패킹부를 미커니컬 시일용으로 개조 됨.

① 구조와 기능으로 본 사용방법

미커니컬 시일도 그 사용조건(압력, 회전수, 유체의 종류, 온도)에 따라 여러가지의 것을 만들지만 그것들은 거의 다음과 같이 분류할 수 있다.

①
- 밸런스형——그림21.2(a)의 가의 면적과 나의 면적이 같던가 또는 작은 구조의 것
- 언밸런스형——그림21.2(b)의 가의 면적이 나의 면적보다 큰 구조 의 것

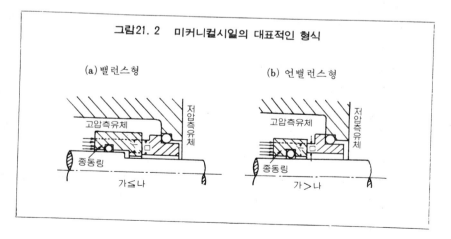

그림21. 2 미커니컬시일의 대표적인 형식

(a) 밸런스형   (b) 언밸런스형

② { 회전형——종동(從動) 링이 회전하는 것
    정지형——종동링이 회전하지 않는 것

③ { 내류형——밀봉단면의 외주에서 내주방향으로 향해 누설하려고 하
             는 유체를 밀봉하는 구조
    외류형——밀봉단면의 내주에서 외주방향으로 향해 누설하려고 하
             는 유체를 밀봉하는 구조

④ { 등 단면고압형——종동링의 등단면이 고압측 유체에 접촉되는 구조
    등 단면저압형——종동링의 등단면이 저압측 유체에 접촉되는 구조

⑤ { 내측 스프링형——종동링의 밀봉용 스프링이 고압유체에 접촉되는
                  구조
    외측 스프링형——종동링의 밀봉용 스프링이 저압측유체에 접촉되
                  는 구조

보통 이것들의 구조를 서로 조합된 것이 만들어지지만 그 중에서도 그림21.1에 나타낸 언밸런스 등단면 고압내류형 미커니컬 시일이 많이 쓰이고 있다.

이 시일은 유니트 전체가 밀봉액 속에 잠겨 있으므로 접촉면에서 발생된 마찰열은 빨리 액속에 방산되어 과열이 방지된다.

누설방지의 점에서 보면 외류형 보다 내류형의 편이 우수하다고 생각되지만 즉 밀봉액이 부식성일 경우에는 스프링등을 포함해 시일 구조의 일부만이 밀봉액에 접촉되는 외류형의 편이 유리하다고 할 수 있다.

기타 취급유체가 기체, 고점도액, 고온 또는 저온의 액체, 슬러리의 경우 혹은 유독성, 인화점이 낮은등으로, 누설되면 안될 밀봉액은 그림21.3과 같은 미커니컬 시일을 두개 등을 맞대고 조합해서 취급액체와의 별계통의 밀봉액을 넣어 순환시키는 더블 미커니컬 시일도 있다.

또 그림21.4에 나타낸 것은 용접 벨로우즈를 사용한 미커니컬 시일이다.

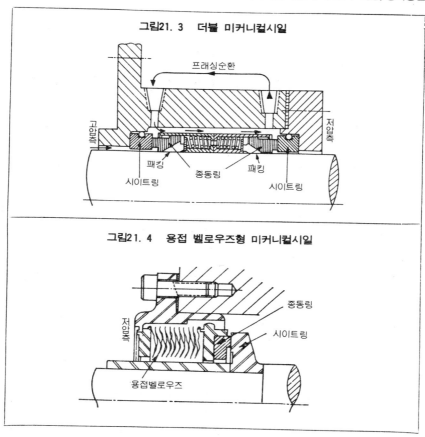

그림21. 3 더블 미커니컬시일

그림21. 4 용접 벨로우즈형 미커니컬시일

이것은 종동 링용 스프링과 축 패킹이 생략되어 고정형, 회전형의 양쪽이 만들어져 있다.

종래 벨로우즈는 황동관등을 유압과 철형에 의해 정형해져, 유연성, 내구성등에 문제가 있었다.

그러나 최근 용접기술의 향상과 함께 정형된 금속판을 한장석, 내측과 외측을 용접정형한 벨로우즈는 높은 신뢰성을 갖게됐다.

2 세정과 냉각방법

미커니컬 시일 은 밀봉면에 압력을 걸어 습동시키고 있기 때문에 당연히 발열하다.

이 열은 방열, 전도등에 의해 어떤 온도로 균형은 잡히지만 지나치게 온도가 높아지면 여러가지 불합리한 점이 생기므로 냉각이 필요해 질 것이다.

또 밀봉면의 기화를 방지하고, 윤활을 좋게하거나 불순물이 축봉부(軸封部)에 체류되는 것을 방지하기 위해 액체를 그 부분에 부어줄 필요가 생기기도 한다. 이와 같은 개개의 목적에 대한 주액(注液)을 프래싱, 쿠우링, 퀸칭과 같이 각각 구별해서 부른다.

그 장치에 그것들의 모든것을 비치하든가 혹은 그 일부만에 멈추는 가는 구조와 사용조건에 따라 다르나 이것들을 정확히 쓴다는 것은 미커니컬 시일의 성능을 유지하는데 있어서 대단히 중요한 포인트인 것이다.

그러한 의미에서 이것들의 보조장치에 관한 지식은 보전기술상 없어서는 안된다.

이것도 간단한 것부터 대규모인 장치까지 많은 종류가 있으나 그림21. 5의 기본 구조예에 따라 설명하기로 한다.

2 - 1 프래싱에 대해

축봉부(주로 습동면 부근)에서 고압유체가 있는 부분에 주입 또는 추출(抽出)해서 시일의 온도를 적도(適度)로 유지하고 또 축봉부에 불순물이 고이는 것을 방지한다. 여기에는 그 자체의 작동유체를 쓸 경우와 별계통의 유체를 쓸 경우가 있다.

거의 모든 미커니컬 시일은 이 장치를 갖고 있다.

2 - 2 쿠우링에 대해

밀봉면 이외의 부분에 유체를 주입, 배출시켜 그 부분의 온도를 유지하는 것이 목적이다.

프래싱 만으로는 냉각이 불충분한 고온유체를 취급할 경우에 많고 별계

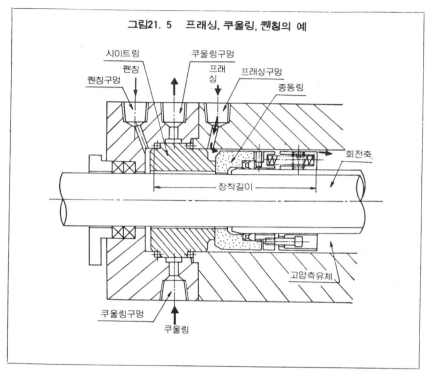

그림21. 5   프래싱, 쿠울링, 퀜칭의 예

통의 냉각액이 많이 쓰인다.

2 - 3 퀜칭에 대해

이것은 프래싱과 반대측 즉 고압유체에 접하지 않은 부분에 행하는 것이며 유체를 주입만 하는 것과 주입, 배출의 양쪽을 다 하는 것이 있다.

그 목적은 밀봉체의 온도를 적당한 온도로 유지 혹은 휘발성 유체나 결정되기 쉬운 유체, 유해한 유체가 누설될 경우 그것들을 씻어내는 것이다.

3 보전상의 문제점

처음에 기술한 바와 같이 미커니컬 시일은 장착 운전중에는 조정이 필요없고 수명도 적어도 1년이상, 때에 따라서는 몇년간, 트러블없이 사용에 견디는 것이 보통이다.

그러나 현실에는 조기누설, 마모, 과대 동력손실등의 고장도 많다고 본다.

적절한 미커니컬 시일의 선택은 제일의 적으로는 설계자, 기계 메이커의 책임이지만 조기 고장의 대부분은 사용조건의 파악불충분에 의한 시일 선택의 잘못에 있다고 본다.

이어서 운전상의 불비나 조립불량을 들 수 있다.

정상적인 수명이 다돼 바꿀 경우는 물론, 고장이 일어났을 경우의 처치, 대책은 보전기술자가 중심이 되어 행하여져야 한다.

그러기 위해서도 더 많은 미커니컬 시일에 관한 지식이 필요하지만 여기서는 기본적 사항의 거의 일부분만을 들었다고 본다.

이하에 미커니컬 시일의 보전상 보전맨이 알아 두어야 할 점에 대해 종합해둔다.

(1) 우선 자기 담당 범위내에 미커니컬 시일이 있으면 그 기기 메이커나 시일 메이커에서 도면, 카탈로그, 파아츠 리스트등을 제출시켜 구조, 성능등을 잘 연구하고 분해, 조립의 방법과 순서및 교체계획을 충분히 검토한다.

(2) 또 예비 파아츠의 구입, 손모부품의 재생등에 대해서도 메이커와 교섭해서 명확히 해둔다.

   미커니컬 시일은 다른 시일과 비해 아직 고가이다. 누설이 일어 나도 반드시 전체가 못쓰게 됐다고 할 수 없을 경우가 많아 분해해서 부품의 하나 하나 또는 운전상태를 체크해 본다.

(3) 예컨대 종동 링과 시이트 링은 한조로서 만들어진 것을 구입하여 바꾸면 좋을 경우가 있다. 개개의 파아츠의 공급, 손모된 세트의 재생, 유저에서의 기술적 요망에 기분좋게 응하는 서비스 체계가 슨 메이커를 알아두는 것도 보전기술의 하나이다.

(4) 미커니컬 시일에 누설이 일어났을때 그것이 돌연이건, 서서히건 가스

표21. 1 누설의 원인과 처치대책

누설개소	원　　　인	처　　치	대　　　책
그랜드의 뚜껑부근	• 가스켓닿기면의 다듬질 불량 • 가스켓불량 • 뚜껑의 변형 • 보울트의 한쪽침 • 시이트링의 부착불량 • 시이트링의 과열, 균열	정확한 재다듬질 가스켓교환 절삭교정 다시침 다시조립 교체	이것은 시일장착후의 초기에 발생이 많고 처치하면 대책 부요이지만 시일조립작업 자에는 현물교육시켜 재발방지를 도모할 것. 냉각수의 충만 단수등 조사
습동면	• 시이트링, 종동링의 재질, 형상, 치수의 부적당함 • 접촉면의 다듬질 불량 • 축패킹의 마찰과대	이것은 원인으로서 있을수있으나 확실치 않디 응급처치로서 현상의 것을 교체하고 메이커에 크레임처리를 하고 형편을 봐서 필요하다면 적절한 것과 바꾼다.	
	• 건조운전 • 고형물혼입에의한 접촉면 마모 • 지나친 침에의한 접촉면 마모 • 스프링마모 • 액중기포 또는 수격	부품교체	이것은 명확히 운전조건, 보전불량에의한 것이며 현물에 의해 운전부문, 보전부문의 교육을시켜 재발방지를 도모할 것
축　면	• 축패킹의 재질, 치수의 부적합 • 축, 슬리이브의 치수, 다듬질불량	이것들은 비교적 원인을 알기쉽다. 메이커측에 책임이 있으면 크레임처리를 한다. 자사측책임이면 수리, 교체한다.	
기　타	• 축의 흔들림 • 이상압력, 이상온도	1000r/m이하에서는 0.1mm까지 이상에서는 0.05mm이내와 시일조립시 기준화한다. 정확한 운전조건을 지키게할 것	

켓이나 립 패킹과 같이 더 죌수 없는 것이다. 분해하기 전에 운전상태를 충분히 조사해서 원인의 개요를 예측해 두지 않으면 시일을 바꾸더라도 원인을 제거하지 않는 한 재발하게된다.

　표 21. 1에 일어나기 쉬운 누설과 그 원인, 처치, 대책을 종합해 두기로 한다.

보전작업의 진행방법

1. 보전의 중요성에 대해

공장 안에서 진행되는 생산활동은 「사람」「기계」「원재료」를 될 수 있는 대로 효과적으로 활용하지 않으면 그 목적을 달성할 수 없다.

이것은 생산을 위한 요소 즉(사람)(물건)(돈)의 활용을 알기 쉽게 말을 바꾼 것이며 각각

　　　(사람)…………기술

　　　(물건)………… $\begin{cases} 기계설비 \\ 원재료 \cdot 동력 \end{cases}$

　　　(돈)…………자본 · 운전자금

등을 지적하고 있다.

이 중에서 기계설비는 「원재료의 가공」이라고 하는 큰 역할을 갖고 있다. 그러므로 그 성능이나 가동상태가 제품의 품질, 생산고를 크게 좌우하게 되지만 최근에는 기술혁신이나 기업경쟁, 환경유지등 엄한 문제가 생겨 기계설비는 더한층 복잡고도화, 고속화 되고 생산활동중에 차지하는 웨이트도 한층 커졌다. 그러므로,

　　①보다 좋은 설비의 개발…………………………… (설비계획 · 설계부문)
　　②설비의 기능, 정도의 유지, 향상…………… (설비보전 · 수리부문)
　　③설비의 기능, 정도를 풀로
　　　　　　　발휘시키는 정확한 운전……… (설비운전 · 생산부문)

라고 하는 기계설비를 중심으로 각 생산부문의 역할이나 그 안에 차지하고 있는 보전부문의 위치가 토오탈인 견지에서 명확해 졌다.

또 현장의 오페레이터는 기계의 자동화가 진보됨에 따라 숙련된 기능은 필요 없다고 자주 말하지만 보전의 입장에서 봐서 이 복잡고도화된 기계를

정확히 운전하고 유지, 향상시키기 위해서는 단지 버턴을 눌러 기계를 운전하기만 한다면 그 책임을 다 했다고는 할 수 없다.

1. 오페레이터 보전의 필요성

오페레이터는 자기가 쓰는 기계의 기능·성능을 풀로 발휘하기 위해 정확한 운전을 위해서는 그 기능·성능을 충분히 이해해서 쓰며 이상을 발견하는 능력이 필요하다.

이와 같은 점은 예컨대 그림 1과 같이 내 자식을 잘 양육하는 모친의 자세와 비슷하다. 어머님은 내 자식의 건전한 성장을 염원하여 주야를 가리지 않고 육아에 큰 웨이트를 두고 있다.

그림 1 보전이란……

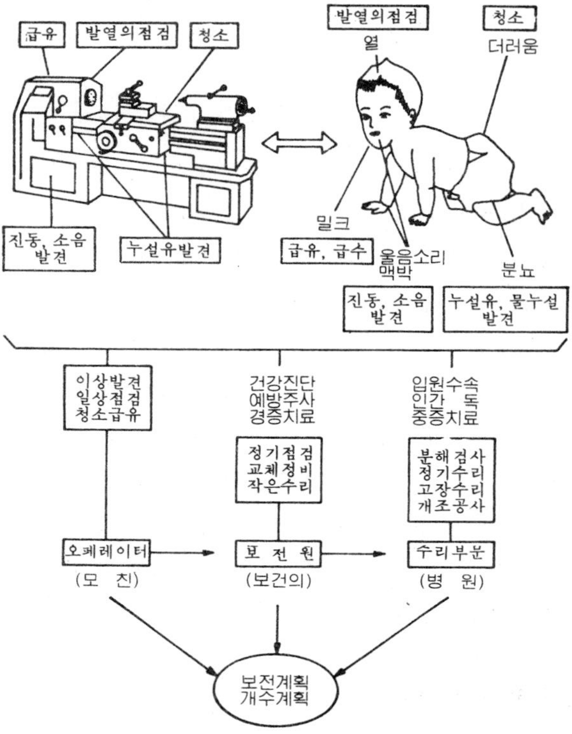

여기서 생각할 수 있는 것은 오페레이터로서 자기가 쓰는 기계를 내 자식으로 보고 건전히 육성 (생산을 최고로 하는)하는 것과 비춰보면 항상 기계에 애정을 갖고 접하며, 매일의 점검, 이상의 발견, 요소부의 청소급유, 자기가 할수 있는 정비조정등을 해서 항상 제일 좋은 상태로 운전하는 것이 「정확한 운전」이라고 할 수 있다.

최근의 기계는 대단히 델리케이트하게 돼 있다. 먼지를 싫어하고 약간의 기름의 끊어짐이나, 약간의 부품의 마모, 느슨해짐에 따라 모르고 있는 사이에 성능은 저하되고 심지어는 생각하고 있는대로 움직여지지 않아 불량품의 발생과 연결된다.

말할줄 모르는 기계는 작업자가 귀여워하는 방법이나 취급방법에 따라 수명도 연장되고, 높은 성능을 발휘해주는 것이다.

그것은 마치 자동차나 자전거가 운전하는 사람의 취급이나 손질의 방법에 따라 언제나 기분좋게 안전하게 운전할 수 있고 튼튼해서 오래 쓸 수 있는 것과 꼭 같은 이치이다.

그러기 위해서는

① 잘 손보고 청소한다·················· (기계는 먼지, 쓰레기를 싫어한다)

② 정확히 급유한다····················· (정해진 기름을 적량으로)

③ 성심껏 취급한다····················· (정해진대로 무리를 안한다)

④ 불량인대로 쓰지 않는다. ············ (간단한 부품의 교체, 보울트·너트의 풀림은 자기자신이 한다) (압력계 기타 계기의 고장, 누설, 발열대로 쓰지 않는다) (파손, 변형, 부품이 부족한대로 쓰지 않는다)

이와 같이 해서 오페레이터는 기계의 불량, 불합리한 점을 빨리 찾아 내서 그대로 두지말고 곧 처리하는 것이 중요하며 이 「오페레이터 보전」은 설비보전의 중요한 포인트가 된다.

2. 전원참가의 PM

보전의 전문가라고 해도 기계을 한번만 보고 모든 이상을 정확히는 판단할 수 없다고 본다.

보전부문은 그림1속의 보전의사의 역할을 하는 것이고 기계의 상태는 항상 기계에 접하고 있는 오페레이터가 제일 잘 알고 있을 것이다.

그러므로 오페레이터로 부터의 정보와 이상발견을 판단의 계기로하고 그리고 나서 진동, 소음, 발열, 압력등을 수치적으로 잡아 전문적 지식 등으로 추산하여 내부의 이상을 판단하게 된다.

또 정기검사나 예방정비, 작은 수리, 부품교체등도 오페레이터와 밀접한 관계를 유지하면서 전문적 입장에서 계획적으로 추진해가야 한다.

이와 같이 보전부문은 그 최선단에 있는 오페레이터나 수리부문과의 기술적 제휴밑에 설비보전에 관해 중심적 역할을 하고 있는 존재이다.

그러나 더 높은 견지에서 기계설비의 원조라고 할 수 있는 설비계획, 설계부문에서는 쓰기 쉬운, 보전하기 쉬운 기계를 받아 들이는 책임을 갖고 설계→제작→설치→운전·보전으로부터 언젠가는 폐기될때 까지의 일생에 이르러 기계설비에 관련을 갖는 모든 부문, 모든 사람들이 개개의 입장에서,

생산보전 = PM : Productive Maintenance

에 강한 관심을 갖고 참가하는 체제를 만들어야 한다.

지금 산업계의 대다수의 분야에서 「전원참가의 PM활동」이 크게 문제가 돼 생산성 향상의 결정 점이 되고 있다.

2. 생산보전(PM)활동

설비기계는 공장의 장식물은 아니다. 풀 가동시킴으로써 그 가치가 나타나는 것이지만 기계를 쓰면 열화(劣化)된다.

이 열화를 극력히 방지하고 일어난 열화를 빨리 회복시키려고 하는 활동이 단적으로는 생산보전(PM)활동이라고 할 수 있다.

그림 2 성능저하와 비용증대

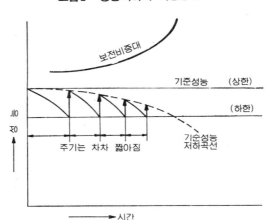

열화의 진행과 회복비용의 관계는 거의 그림2와 같은 패턴이 된다.
즉 성능의 저하는 어느 한도까지 비용을 지출하면 회복할 수 있으나 그것
을 반복함에 따라 저하의 주기는 빨라지고 회복의 한도도 내려가 반대로
비용을 증대해간다.

PM활동은 이 주기의 연장과 비용의 저감에 직접 강력히 작용하는 것이
라야만 한다.

1. 보전업무의 분담

생·산보전은 그림3과 같이 (1)열화를 방지하는 활동과 (2)열화의 상태를
측정하고 (3)열화를 회복시키는 활동으로 나눌 수 있다.

열화를 방지하는 활동에서는 전항에서 강조한 대로 오페레이터는 ① 정
상운전에 노력을 다해야 한다. 즉 매일의 점검, 청소급유등으로 기계를
잘 살피고 또 이상발견의 최선단에 있으므로 주의를 요한다.

보전부문은 오페레이터와의 밀접한 연휴밑에 보전계획을 세워 계획적,
주기적으로 열화부품의 교체나 정비, 작은 수리를 하고 ② 계획보전을 중
심으로 해서 수명연장을 도모하며 ③ 정도, 성능을 검사해서 그 양부, 경

그림 3   생산보전활동

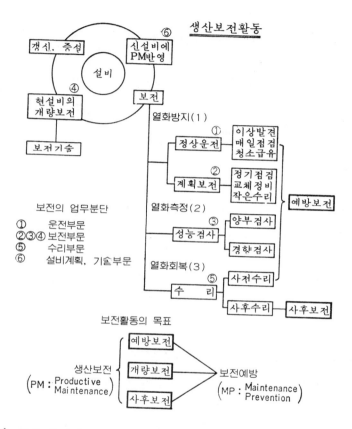

향파악을 해서 불량이나 고장발생전에 적절한 처치를 한다.

또 보전의 전문가로서 오페레이터에 ④보전기술의 지도, 고장원인의 분석, 쓰기 쉽게하거나 고장을 방지하는 의미에서의 개량, 개선에도 재질을 발휘해야 한다.

(3) 열화의 회복은 문자그대로 ⑤수리를 의미하며 ①②③의 활동결과 열화나 고장이 일어나기 이전에 하는 것을 사전수리, 일어난 다음에 처치해도 그다지 지장이 없을 경우는 사후수리라고 한다.

수리부문은 여러가지의 수리요구에 응할수 있는 체제와 기술을 확립해 두어야 한다.

제일선의 오페레이션, 메인테넌스 부문에서는 이상과 같이 개개의 분담하는데 따라 설비를 풀 가동시켜 목표달성에 전력투구를 한다.

그러나 기계가 갱신되어 신설될때마다 마찬가지인 트러블이 반복된다면 현장의 사기는 올라가지 않아 높은 능률, 높은 품질을 기대할 수는 없는 것이다.

새로운 기계는 어떻게 본다면, 설계, 제작상의 미스의 덩어리라고 할수 있다.

설비계획, 기술부문은 새로운 설비를 받아드릴 경우 ⑥ 보통때 쌓아올린 보전기술이나 개량등 PM을 충분히 반영시켜 새로운 가능성에로의 도전에로 발전해 가야 한다.

2. 보전활동의 목표

이와 같이 생산보전 (PM) 활동은 예방보전 (PM : Preventive Maintenance), 개량보전 (CM : Corrective Maintenance), 사후보전 (BM : Breakdown Maintenance) 라고 하는 수단을 구사해서 보전예방 (MP : Maintenance Prevention) 즉 쓰기쉬운, 보전이 쉬운, 고장이 적은 기계를 만들어 낸다는 점에 한 없이 전진하는 것이 목표가 된다.

자기회사 개발의 설비는 자기회사의 기술의 축적에 의해 생기고 당연히 더한층 능력을 올리는 노력이 필요하다.

시판의 기계를 구입했을 경우 카탈로그 성능을 발휘한 점에 대해 만족하면 다른회사와의 심한 경쟁에 이길 수 없다. 다른회사도 마찬가지의 노력을 하고 있기 때문이다.

기계의 성능유지·향상, 고장방지, 수명연장등에 연구개선을 거듭하고 품질이나 가동률향상과 보전비의 저감을 도모하지 않으면 이 심한 경쟁중의 세상에서 살아 남는다는 것은 대단히 힘들다.

생산활동은 사람과 기계와 원재료의 보다 좋은 하모니의 소산이라고 하며 생산과 보전은 표리일체, 차의 양 바퀴와 같은 것이다.

보전부문은 생산의 그늘의 힘, 낮은 의식의 자기만족에 취하지말고 생산부문의 좋은 파트너로서 자신의 기술을 높이고 더한층 고도화되는 근대설비에 대응함으로써 생산공장에서의 진실한 보전이라고 말 할 수 있는 것이다.

3. 보전의 조직과 관리체계

사람의 집단이 허비없이 활동하기 위해서는 조직화된 편이 월등히 효율적인 것이다.

이 조직의 활동을 보다 유효한 방향에로 진행시키기 위해서는 관리 통제나 표준화도 필요해진다.

보전이라고 하는 일도 물론 이 예외는 아니다. 단지 일반적으로는 넓은 설비관리업무 중에서도 특히 제일선에서 직접 관련이 있는 일을 말하고 있으므로 이 조직의 문제에 대해서도 극히 현장적으로 잡아본다

1. 보 전 조 직

회사의 역사나 전통, 업종이나 규모의 틀림에 따라 여러가지 형태의 보전조직이 만들어져 있으며 한마디로 말해서 이것이 아니면 안된다라고 할 수는 없는 것이다. 조직은 기업중에서 사람이 효율적으로 업무추진을 위한 수단으로 쓰이며 조직을 만드는 것이 목적은 아니다.

그러므로 조직때문에 일에 제약이 생기거나 사람은 조직중의 하나의 기어의 불과하다고 생각하여 자기의 일을 잊어 버린다고 하면 말도 안되는 것이다.

목적과 수단의 관계를 잘 생각해서 우리들 제일선에 있는 자에는 오히려 현재의 조직을 잘 이용해서 여하히 효율적 일을 하느냐가 중요하다.

그 의미에서도 지금은 보전조직을 논하기 보다 조직의 종류나 그득실을
알고 이용하는 것을 중점적으로 기술한다.

(1) 집중 보전형

하나의 사업소, 공장장의 직속 밑에 보전업무를 총괄하고 사업소 내의
각 제조부문에 나가서 보전업무를 하며 조직, 배치 모두 집중관리 되는 형
태를 말한다.

제조부문과의 교류나 연결성은 적어지지만 큰 시야에 서서 독자적으로
중점적인 인원배치나 보전기술 향상책을 취하고 또한 관리가 하기 쉬운 이
점이 있다.

(2) 지역 보전형

조직상으로는 집중형이지만 배치상으로는 각 지역 (제조부문)에 나가 파
견된 형태를 취하므로 제조부문과의 교류나 연결성은 약간 증대되지만 인
원배치의 고정화라고 하는 면도 나타난다.

(3) 분산 보전형

조직과 배치를 모두 제조부문에 분산 소속시켜 개개의 실정에 맞는 보전
진행 방법을 취한다.

보전부문 전체로서의 교류는 적어지고 기술향상이나 인원배치는 정체되
기 쉬우며 때에 따라서는 제조부문의 이용물이 되기 쉽다.

(4) 절충 보전형

상기의 것을 조합해서 개개의 장점을 살리게끔 연구한 형태를 취하고 특
히 배치나 체제에 탄력성을 갖게 하여 세밀한 운영을 하게끔 항상 유의 한
다.

2. 관 리 체 계

생산 보전활동이라함은 설비에 관여하는 모든 부문의 사람들이 개개의
업무중에서 분담하는 소위 「전원 참가의 PM」활동이 필요하다고 기술했다.

이것을 특히 제일선의 일상적 활동의 관리와 진행방법에 대해 체계적으
로 생각해 보면 하나의 형으로서 그림4와 같은 것을 생각할 수 있다.

그림 4 보전관리의 체계

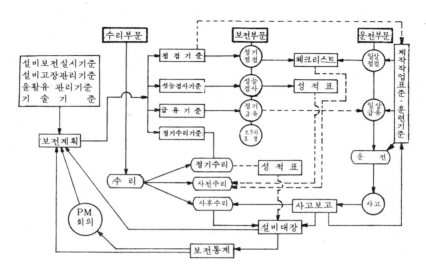

제일선에서 직접 기계에 터치하고 있는 것은 오페레이터, 보전맨, 수리 부문의 사람이므로 서로 자기임무를 잘 이해하여야 한다.

우선 오페레이터는 제조작업기준이나 후련기준에 정해진 기계보전에 관한 사항을 매일 점검해서 정해진 급유, 청소를 하고 정확한 운전의 첫 걸음을 디뎌나가야 한다.

그러나 그래도 또 기계는 사고나 고장을 일으킬때가 있다. 그것은 사고보고→고장수리라고 하는 형태로 처리된다.

한편 보전맨은 점검기준에 정해진 대로 정기정검을 하고 성능검사기준에 따라 정기적으로 성능의 검사, 측정을 해야한다.

기타 급유기준에 따라 정기적으로 윤활유의 보급이나 또는 바꾸거나하고 작은 고장이나 열화를 찾아내서 작은 수리, 부품의 교체, 조정을 하는 것도 중요하다.

또 점검결과는 체크리스트나 기록에 정리해서 성능검사 성적표와 대조해서 사전수리 (예방보전)의 계획이나 수배를 하거나, 주기를 정해서 정기수리 (오우버 호울)를 하기 위한 자료로 한다.

수리부문은 보전부문에서의 수배에 의한 돌발적인 고장수리는 물론 사전수리, 정기수리를 개개의 기준에 맞춰 수리공사로서 인수하는 것이다.

이 공사에는 높은 수리기술을 갖고 있어야 한다. 오우버 호울했더니 오히려 기계의 상태가 나빠졌다. 본상태로 될때까지 긴 시간이 걸렸다 등은 천만의 말씀이다.

이와 같이 해서 개개의 기계에 가해진 검사나 수리결과 사고의 상세등은 설비대장에 기록해 경력으로서 남기고 또 보전통계로서 이 성과를 보전회의에 올려 치기의 종합보전계획이나 각종 보전기술에 반영하기로 한다.

또 상위층이나 제조부문에도 보고해서 평가받는 것도 중요하다.

보전활동은 이상과 같이 종합적인 관리체계밑에서 plan—do—check—action이라고 하는 소위 데밍의 서클과 같이 과학적인 생각방법을 바탕으로 업무가 진행되어야 한다.

4. 보전업무의 표준화

표준화는 본래 뿔뿔이 흩어져 만들어져 있던 유사한 부품이나 제품을 통일해서 쓰기 쉽게 하는 것이 목적이다.

그러나 지금은 기계, 재료, 방법등 모든 면에서 기준이 만들어져 이에 따라 될 수 있는 한 통일해 가려고 표준화도 범위가 차차 넓어져 가고 있다.

이 표준화에 따라 제조원가도 내리고 품질을 높이며 또 생산증가를 도모하고 있는 것도 물론이지만 단지 생산면 뿐만 아니라 경영의 모든면이나 업계 혹은 국가, 국제적 규모에 있어서도 의의가 있으므로 현재 각종 국제, 국내규격이 제정 돼 있다.

사람아 일을 할때 처음에는 누구나가 초심자로서 선배나 상사로부터 그 일의 순서나, 느낌이나, 요점의 가르침을 받고 차차 익숙해짐에 따라서 자기의 경험을 바탕으로 여러가지 연구를 거듭해 보다 좋은 일을 하려고 생각하게 된다.

그러나 이와 같은 개인의 노력도 그것이 조직안에서 흩어져서 행하여져 그 우수한 솜씨도 자기 자신속에 묻어둔다면 기업경쟁이 심한 현재 이 세상의 진보에 뒤떨어질 것으로 본다.

이것은 보전업문에서도 마찬가지이며 특히 보전의 일은 대단히 넓은 범위를 커버해야 하기 때문에 그 기술습득에도 장시간이 요하므로 그 때문에도 표준화는 진행되어야 한다.

보전부문의 현시점에서의 최고, 최량이라고하는 일의 방법을 개개의 경험으로부터 서로 내놓고 명확히 한 것이 이 보전기준이 된다.

「생활보전활동」「보전관리체계」확립을 위해서도 특히 일상 반복해서 행하여지는 보전작업에 대해서는 세밀히, 기계별, 작업별로 표준화를 진행해 나갈 필요가 있다.

이하에 보전작업의 표준화를 위해 최저 이것만은 이라고하는 작업 기준을 들고 그 내용을 기술한다.

1. 점 검 기 준

이것은 보전작업의 골간이 되는 것이며 일상 또는 정기적으로 사람의 오감(五感)(본다. 듣는다. 접촉하다. 냄새. 맛)이나 간단한 측정기로 이상과 열화상태를 감지하는 방법을 명확히 한 것이다.

그 중에는 오퍼레이터가 시업(始業)점검하는 것과 보전맨이 한달에 한번 월례점검하는 것이 있다.

이에 대해서는 보전부문이 기계마다 입안해서 운전부문과의 합의한 다음 결정한다.

이와 같은 감능적 방법에 대해 좀더 과학적으로, 좀더 수치적으로 파악하는 것이 선결문제인 것이다.

그러나 먼저 그림 1의 보전이란……에서도 설명한바와 같이 말하지 않는 유아(기계)에 대해 이상의 발견으로부터 입원수술에 이르는 프로세스를 생각해 본다면 항상 주의를 게으르게 하지 않는 모친(오페레이터), 신뢰 할 수 있는 보건의(보전맨)로서 예리한 감능적인 점검방법과 이상발견기술을 몸에 배게 하는 노력이 필요하다

노동안정위샘법 중에서도 사업소에서 쓰이는 특정의 기계등에서는 정기 자주검사의 실시가 규정 돼 있고 그 내용에는 기계등의 안전성을 유지하기 위해 감능적인 점검항목과 판정의 기준이 있다.

표1은 일반산업기계의 표준적인 점검기준의 예이다.

이것은 거의 표준적인 능력을 가진 오페레이터와 보전맨을 대상으로 만들어져 있으나 이 중에서 오페레이터가 분담하는 것은 제조작업표준속에 확실히 이관한다

또 원칙으로서 오페레이터는 시업시와 운전중 감사하는 부분을 담당하고, 보전맨은 한달에 한번씩 순회해서 오페레이터에 기계의 사정을 문의하고 운전중의 상태나, 필요에 따라서는 정지시 또는 기계를 정지시켜 점검을 해서 다음의 점검시기까지 가동을 보증하는 기분으로 해야 한다.

표2, 표3은 각종 공작기계류의 실용적 정밀검사법 중의 선반용의 점검법이다.

표2는 오페레이터용, 표3은 보전맨 용이고 이것은 체크리스트 겸용으로 돼 있으므로 비닐 케이스등에 넣어 기계 한대마다 매달아두고 쓴다.

이에 따라 오페레이터는 정해진 항목을 점검하여 결과를 부호로 기입한다. 또 보전맨은 매주 한번씩 현장을 순회해서 오페레이터용의 체크 리스트를 확인하고 대화등을 통해 기계의 상태를 알아둠과 동시에 또한 한달에 한번은 보전맨용의 점검기준에 따라 점검해서 필요한 처치를 세밀하게 한다.

이와 같은 기준을 바탕으로 시행한다면 예컨대 한대의 공작기계라면 오페레이터와 보전맨의 대화는 한달에 한시간정도면 될것이어서 대단히 능

률적이며 이것이 확실히 시행된다면 기계의 고장은 물론 열화에 의한 제품 불량등의 태반은 억제할 수 있다

표1 산업기계의 표준적인 점검기준예

원심펌프점검기준				설치장소			
				제 작 소			
부위	점검개소	점검항목	점검방법	판정기준	처 치 법	주 기 운전	보전
펌프본체	외관	진동	손을 대본다.	이전관 변함이 없을것	보전에연락	운	
		소음	회전음을듣음	동　상	동　상.	운	
		풀림	침 보울트를 테스트해머로 두드린다.	풀림이 없을것	더죄기		Ⓜ
	플랜지부	풀림	동　상	동상 및 물누설, 에어흡입이 없을것	더죄기 및 가스켓 교체		Ⓜ ▢
	스타핑벅스	물누설	목　시	물이 누설 안될 것	보전에 연락 더쵬	운	Ⓜ ▢

작성상의 주의
1. 판정기준은 가능한대로 수치적으로 표현하지만 진동, 소음등을 감능적으로 표현할경우 정상상태를 보전맨이 오페레이터에 지도해둠.
2. 처치법은 판정기준을 넘었을 때 취할 처치일 것
3. 운전부문의 점검주기는 매일 1회로하고, 운: 운전중, 기: 기동시, 정: 정지시켰을때등을말하며 보전부문에서는 M: 1회/월, ○: 운전중, ▢정지시키고 또는 정지시점검, 처치할 것을 나타냄

표 2 선반용 체크리스트예-오페레이타용

소속

제조회사명

기번

연월

형식

선 반 일 상 점 검 체 크 리 스 트

"좋은 일은 기계를 사랑하는데서 시작된다."

점검자

번호	항목	1	2	3	4	5	6	7	8	9	10	11	12	13	14	15	16	17	18	19	20	21	22	23	24	25	26	27	28	29	30	31
1	기계 각부의 청소는 잘 돼 있는가																																
2	벨트커버나 절삭쓰레기 청소는 완전한가																																
3	윤활기급유개소에 적당한급유가 되었는가																																
4	미끄럼면, 이송나사는 적량주유되었는가																																
5	기름누설개소는 없는가																																
6	각 스위치작동은 확실한가																																
7	전동기에서 이상음은 없는지																																
8	베어링, 기어에서 이상음이 없는지																																
9	기계 각부에 이상진동은 없는지																																
10	레버나 핸들의 작동은 확실한지																																
11	클러치·브레이크의 작동은 확실한지																																
12	베어링부에 이상발열은 없는지																																
13	전동기에서 이상발열은 없는지																																

1. 점검실시시기는 1~5항은 시동전에, 6~11항은 시동시, 12·13항은 시동후 1시간 정도.
2. 판정부호 ∟:양호, ○:작업자가 조정후 양호, △:수리가능, ×:요수리, ◎:수리완료확인
3. 불량개소가 발견될때는 곧 소속장에게 신고할 것.
4. 소속장은 확인한다음 보수수속을 취해 그 기일을 체크란에 기입할 것.

표 3 선반용 체크리스트예 - 보전맨용

제조회사명 _____ 구입연월일 _____
형식 _____ 기번 _____

선반의 월례점검표

구분	항목	점검월일/일	비고	점검자
외관의점검	① 벨트커버나 절삭쓰레기 청소는 안전한가		① 커버가 붙어 있는것은 이것도 점검한다. 벨트가 커버에 접촉돼 있지 않은가 커버가 흔들등가	
	② 미끄럼면이나 맞춤면 등에 새로 발생한 녹·홈은 없는가		② 주습축면 및 맞춤면, 심압테와 페이스 맞춤면의 맞춤편을 점검한다.	
	③ 주축구멍·심압축구멍테이퍼부에 녹·홈이 없는가		③ 주습부의 마모·절손돼 있지 않은가	
	④ 핸들등에 접손·굽음·흠·풀림이 없는가		⑥ 쐐기, 깻게판, 깻게판 등을 움을 가볍게 두드려 본다.	
	⑤ 주부속의 기름누설은 없는가			
	⑥ 오일컵·그리이스컵에 기름누설이 없는가 있는가			
	⑦ 체부볼트의 부상은 없는가			
	⑧ 각종표시판은 명확한가			
전장품의점검	① 나이프스위치커버는 안전한가		①~⑥항까지는 전원을 점검한다.	
	② 스위치내에 먼지나 절삭쓰레기가 없는가		스위치 박스내에 용량을 기입해 둔다.	
	③ 스위치에 규정퓨즈가 부착돼 있는가			
	④ 어어드선은 확실히 부착돼 있는가			
	⑤ 작부결선에 풀림은 없는가			
	⑥ 전선보호튜브피복 손상은 없는가			
	⑦ 누름버튼박스스위치는 작동되는가			
	⑧ 파일롯램프는 점등되는가			
	⑨ 전동기에 이상음이나 이상발열은 없는가			
	⑩ 전선의 발열은 없는가			
운전상태의점검·점검·검사	① 윤활유탱크내에 절삭유가 들어가 있는가		①~④까지의 급유에서는 적유, 적량 및 결과가 좋으냐 명사해둔다.	
	② 윤활유계의 기름은 정기계로 바꾸는가			
	③ 주축부에는 절삭유가 정기량이 들어가 있는가		⑤ 양쪽계통에 충분한 력을을 나타내고 있는지 지점이 혼들리지 않는지 기름장에 거품	
	④ 기어박스에는 절삭유가 규정량 들어가 있는가		이 없는가	
	⑤ 습동면표에 작동은 메이프가 있는가		⑦ 이날컵에서는 간유하고에 그리이	
	⑥ 오일컵·그리이스컵에 메이프는 없는가		스컵에서는 주입저정등에 주의	
	⑦ 절삭유류표의 작동은 없는가			
A3부	① 왕복대의 수동이송은 원활한가		① 좌우방향에서 차향에 변함이 없는지	
	② 왕복대의 크램프는 확실한가			
	③ 왕복대의 메기판의 조정은 적당한가			

구분	항목	점검월/일	비고
B 가로이송	① 가로이송대의 이송방향 우구는 너무 지나치게 크지 않은가		① 이송방향이 우구는 눈금환의 회전각이 45도 이하가 바람직하다.
	② 가로이송대의 날의 조정은 적당한가		
	③ 가로이송대의 수동이송은 원활한가		
	④ 가로이송대의 클램프는 확실한가		
C 공구대	① 공구대의 이송방향 우구는 너무 지나치게 크지 않은가		① 이송방향의 우구는 B-①과 동일
	② 공구대의 날의 조정은 적당한가		
	③ 공구대의 수동이송은 원활한가		
D 날끝	① 바이트의 장착부에 흠이나 변형은 없는가		③ 홀더받침은 우측, 가로 ±45도의 범위내가 적당하다.
	② 툴포스트의 산동은 확실한가		④ 보링홀더의 쐐기의 흠이 없는지 나사의 끼…
	③ 홀더 프레틀의 쐐기부 방향은 적당한가		
	④ 바이트받침 볼트에 지장은 없는가		
E 심압대	① 심압대의 램포는 확실히 작동하는가		① 전후의 클램프가 연동하는 것에 있어서는 결속이 어느정도 강한것이 좋다.
	② 심압대의 램포 쐐기움레의 헤들방향은 적당한가		
	③ 심압축의 쐐기의 산동은 원활한가		
	④ 심압대의 램포 쐐기움레의 방향은 적당한가		
	⑤ 심압축의 클램프 쐐기움레의 해들방향은 적당한가		
F 운동장치 전체	① V벨트걸기의 느슨함과 교르치못한 것은 없나		① 정지시 쿠르크 각 벨트에 가로로 전열하고 …② 클러치는 절반중 미끄러지지 않는가 … 또 쉽게 절삭되는가
	② 클러치의 작동은 확실한가		
	③ 브레이크의 작동은 확실한가		
	④ 안전중의 브레이크의 이상음, 발열은 없는가		
G 주축대	① 주축·열차의 기동정지는 확실히 하작동하는가		③ 회전중의 단속음, 불규칙음, 타음등은 없는가
	② 모든축 전속도에서 확실히 이상음이나 진동은 없는가		④ 배의 방부의 움도는 수분간 손으로 매고 있음수 없는것은 평확히 이상하지만 계 …
	③ 회전속도의 변화도는 확실한가		
	④ 축이송의 기동·정지는 확실한가		
H 이송장치	① 이송의 변화는 확실히 작동하는가		⑥ 반포함너트를 걸고 걸고 좌우메를 좌우로 적여 본다.
	② 이송의 안전장치는 작동하는가		
	③ 반포함너트를 걸고 및 거게 변화는 작동하는가		
	④ 세로이송과 나사내기의 인터록은 확실한가		
	⑤ 가로이송과 나사내기의 인터록은 확실한가		
	⑥ 모나사의 이송방향 우구는 이상하게 크지 않은가		

판정기호 ∟: 양호, ○: 양호자 조정후 양호, △: 작업자가 후일조정가능 X: 요수리 ◎: 수리완료확인

주: 비고의 변호는 항목변호와 대응함

2. 급 유 기 준

열화를 방지하는 활동중에서 매일 혹은 정기적인 급유작업은 잊어서는
절대로 안된다.

더욱 이것은 단지 기계에 기름을 친다고 하는 생각방법의 것은 아니다.

설비기계에는 많은 마찰부분이 있고 이 소착(燒着)방직, 마모방지를 도
모하는 것이 성능유지상 큰 포인트가 되기 때문이며 마찰부분을 관리 대상
으로 하는 「윤활관리」(윤활유관리는 아니다)는 또 「PM의 제일보는 윤활
관리 부터」라고도 하며 체계적으로 확립된 업무여야 한다.

이 점을 염두에 두고 여기서는 급유작업의 표준에 대해 기술하기로 한
다.

기계의 구동계, 유압계, 습동부등을 약호와 부호로 나타내는 다이어그
램으로서 예컨대 표4와 같은 기준표를 만들어 필요한 개소에 유종, 유량,
급유법이나 급유주기, 갱유주기, 분담등을 명시해둔다.

이중에서 오페레이터가 분담하는 것은 점검기준의 경우와 같이 제조작업
표준 중에 확실히 이관되어야 한다.

기계 메이커의 취급 설명서에는 급유의 개요가 기술 돼 있으므로 이것을
단서로 해서 또 지금까지의 경험이나 같은종류의 기계를 참고로 자사 (自
社)의 보전작업에 맞는 급유기준을 만들어 내는 것이지만 특히 유종, 급유
주기에 대해서는 기계의 가동상황, 마모상태, 발열등을 충분히 참고로 하
여야 한다.

또 갱유주기에 대해서는 윤활유의 열화를 윤활유 메이커에 분석의뢰해
서 적정한 주기를 정한다.

이와 같이 급유작업뿐만 아니라 보전작업의 전반에 걸쳐 사실을 바탕으
로 한 기준화와 실행, 다시 보기라고 하는 순서를 하나하나 확실히 쌓아
나간다고 하는 것이 중요하다고 본다.

표4 급유 기준예

원심펌프 급유기준						설치장소			
						제 작 소			

No.	급유개소	수	베 어 링 No.	급유방법	유 종	급유주기	유 량	담당	비 고
1	모우터 베어링	2	6313 6310	충정	#2 그리이스	정기수 리마다	—	보	30kw IM 1940 r/m
2	펌프 베어링	2	6310 6310	유욕	#120 터어빈유	감소시 마다	오일게이 지눈금선	운	원 심 펌 프

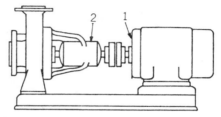

작상성의 주의

1. 베어링No. 가 기입돼 있으면 부품조달시 편리하다.
2. 기름명은 일상쓰고 있는 통칭명으로 기입한다.
3. 이 경우의 그리이스의 충정은 정기수리시에 하며 충정량은 베어링의 조립기술상의 판단에 따라 정해진다.
4. 펌프베어링의 윤활유보충은 운전부문의 담당이고, 유량은 정지시의 오일게이지 눈금선이다. 운전중에는 유면이 변화되어 판단의 결정 등은 보전맨이 오페레이터를 지도해야 한다.

3. 성능검사 기준

공작기겐류에서는 앞에서 기술한바와 같이 표준적인 평면, 원통, 만능 그라인더나 보오링 머신등에 대한 실용검사법이 있고 상세한 기준이 있다.

또 프랑스의 사르몬 규격, 일본의 규격등 몇개의 것이 규정 돼 있으므로 이 중에서 적당한 것을 선택하면 된다.

여기서는 일반산업기계의 예로서 표5와 같이 원심펌프의 성능검사기준을 들기로 한다.

이와 같이 개개의 기계에 따라 유지해야 할 성능(규격)을 명확히 하고 그것을 바탕으로 한 사용한계, 수리한계와 측정방법이나 사용계기를 정해서 양부나 경향으로 봐서 필요한 처치를 취하기 위한 본보기로 한다.

대략 점검과 검사는 필요한 처치를 하기 위한 수단으로서 시행하는 것이고 점검과 검사 그 자체는 목적은 아니다.

따라서 이것들의 기준은 실정에 맞는 개정이 가해져 차차 보전기술 수준이나 보전업무체제가 확립됨과 동시에 수명이나 수리주기는 예상되게끔 되고 점검, 검사업무는 감소돼서 정기부품교체, 정기정비, 정기수리 등으로 순차대로 이행해가는 성격인 것으로 본다.

4. 수 리 기 준

이상의 외에 넓은 의미에서의 보전작업으로서 정비기준, 부품교체기준, 정기수리기준등을 작성해야 한다.

그러나 이것들의 기준은 일조일석에 되는 것이 아니다. 필요한 것부터 하나하나 사실에 바탕을 두어 쌓아 올라가야 한다.

숙련자나 선배만이 알고 있다면 언제까지나 기술향상은 이루어지지 않을 것이다.

보통 기준을 작성하는데 있어서 개개의 작업에 대해 어느 정도의 수준을 가늠으로 하느냐의 점이 문제가 되지만 이것은 그 회사의 보전체제나 보전부문의 역사, 내력과 같은 것에 따라 변한다.

지금까지 기술한 보전의 일상작업에 관한 것은 일단 표준적인 신인 (新人)을 대상으로한 것이지만 본래의 성격상 정비, 수리기준은 기술수준을 가늠으로 하기보다 그 기계의 성능상 있어야 할 자세를 목표로 해야한다.

보전부문에서는 신인이라고는 하지만 다른 부문과 달리 보전의사의 역할

표 5 일반산업기계의 성능검사 기준예

원심펌프 성능검사기준

검사항목	검사방법	측정기	규격	사용한계	수리후	검사주기
1 진동	운전중 베어링부를 표면온도계로 측정함 (운전후 3 H이상 방치)	전기식지시진동계	10μ	40μ	15μ 이하	1회/6개월
2 베어링 온도	운전중 베어링부를 표면온도계로 측정함	표면온도계	실온+20℃	실온+40℃	실온+25℃ 이하	1회/6개월
3 토출압력	토출측압력계의 지시 및 진동 측정을 한다.(토출벨브 전개)	토출측압력계	5 ±0.5	4 ±0.5	5 -0.5	1회/6개월
4 모우터전류	조작반전류계의 지시 및 진동 측정을 한다.(토출벨브 전개)	조작반 전류계	112	100	75	1회/6개월
5 모우터코일 절연연	모우터단자에서 코일타미널과 어드간을 500V메가로 측정함	500V 메가	0.2MΩ	0.4MΩ	1.0MΩ 이상	정기수리시

기준작성, 운용상의 주의

1. 규격치는 이 설비의 정격성능
   실값
2. 사용한계는 수리시의 경계성으로 써서
   사용할 수 있는 한계이고 처음부터 경험할 수 없
   는 경우 이 경계치로도 몇회의 정도해야한다.
3. 수리후의 정도, 성능도 경계치보이되는 한계를 나타낸
   것이고 반드시 규격치까지 수리가 필요없으므로, 가로표의
4. 검사항목과 사용한계내에 있으면 공백으로 하고 된다.
5. 이 검사기준에는 정기수리시의 성가수리의 수리사항으로도 쓰이며 설비 이력으
   로서도 활용한다.

분류		검사	수리후	검사	수리후	검사	수리후	검사
A	1							
	2							
	3							
B	1							
	2							
	3							
a								
b								
c								
kg/cm²								
Amp								
U								
V								
W								
특기사항								
측정자								
검인								

검사연월일
가동시간

을 하는 것이므로 전혀 초보자라고는 할 수 없으며 리이더로부터 테스트해서 기준의 요점을 배우던가 또는 자신이 기준을 읽고 자신이 생각하면서 보전업무를 수행할 수 있을 정도를 목표로 한다.

정비, 수리기준류는 병원으로 말 하자면 중증환자에 수술을 하는 것이므로 기준을 누구가 쓰는냐 보다 이 기계의 각부의 정도, 성능을 어떻게 해서 회복시키느냐 하는 점을 명확히 할 필요가 있다.

하여간 보전관계의 기준류는 베테랑 보전맨이나 보전기술자가, 자기가 연마한 경험과 기술을 바탕으로 부하, 후배를 지도한다는 것을 보람삼아 또 수리부문에 제출하는 수리시방서로서도 쓰이고, 설비성능의 유지, 회복을 보증할 수 있는 것이라야 한다.

예컨대 수리기준으로서 구비해야 할 요점으로서는

① 수리항목표

수리작업의 큰 항목마다 순서를 나타내고 그 분담 즉 전기, 기계, 계장(計裝), 운반, 토건등 직능별 담당분야와 범위를 명확히 한다.

② 수리내용표

상기의 큰 항목마다에 그 주요내용과 요점을 명확히 해서 소요인원, 시간이나 비용등의 기준을 나타낸다.

③ 수리규격표

수리를 하는 부위마다의 정도, 성능의 규격, 완성등을 수치적으로 명확히 한다. 성능검사기준으로 대용도 된다.

④ 수리부품, 재료표

수리에 필요한 부품, 재료, 기재나 특수공구등을 일람표에 종합해 둔다.

⑤ 수리공정표

수리항목이나 내용이 명확해졌으므로 파아트 공정표를 작성해야 표준적 소요일수를 명확히 한다.

등을 들 수 있다.

이와 같이 정비, 수리관계공사가 기준화되면 기초(期初)에 보전비 예산

의 입안이나 부품구입계획이 원활히 진행되는 외에 수리부문에 대해서는
기중의 수리공사의 소요인원확보를 요청할 수 있고 또 운전부문에 대해서
도 설비의 수리계획을 합의해서 생산계획의 조정이나 설비정지를 무리 없
이 짜넣을 수 있어서 보전작업을 주체성 있게 진행시킬 수 있다.

5. 보전작업의 계획

보전부문의 일의 내용은 일반적으로 표6에 나타낸 것이 많을 것으로 생
각된다.

이것을 크게 분류해 보면 표6의 우측 끝에 기입한대로 예방보전작업,
수리작업, 기타가 되지만 그 비율은 순번으로 55%, 30%, 15%정도가 좋
다고 생각된다.

표6 양호한 보전작업내용 비율

작 업 항 목	내 용	비율(%)	분 류
점 검	점검기준에 정한대로 자신이 계획을 세워서 순회점검을 한다. 오페레이터와의 코미니케이션은 크다.		예방보전작업
검 사	성능검사기준에 정한대로 계획을 세워서 설비를 정지시키고 또는 휴일등을 이용해서 시행한다.	35	
급유(갱유포함)	급유기준에따라 동상		
부품관리정비	보전용교체부품의 입수관리나 분해한 것 의 재생처리	20	
기 록	점검, 검사, 급유, 수리등의 기록정리나 기타의 보전관계기록, 계획작성보관		
소수리조정	운전중의 설비불량등의 연락에 의해 보전부문에서 소수리조정, 부품교체를 한다.	30	사전후작보업
타협, 연락	돌발고장수리나 계획적수리에 대한 수리부문, 운전부문과의 타협 기타 보전업무 추진에관한 타협, 연락	15	기타
기 타	상기에 속하지 않는것, 여유시간등		

특히 예방보전작업과 같이 일의 내용이 복잡할 경우의 내용구성비율은 워크 샘플링에 의해 측정해서 실태를 명확히 파악해 두어야 할 것이다.

또 보전부문은 예방보전작업에 정력의 태반을 쏟아야 한다. 이어서 사후 보전작업, 기타의 순서로 되지만 그 중에는 항상 개선, 개수하는 마음가짐을 잊어서는 안된다.

지금까지 말해온 기준에 따라 시행되는 보전작업은 표준시간을 측정할 수 있다.

그러나 그것은 IE의 전문가가 생산공정에서 하는것과 같은 타임스터디, 모션 스터디등 일거수 일투족에 이르는 작업분석, 측정을 할 필요는 없다.

감독자가 부하의 표준적인 보전맨과 함께 기준대로의 작업을 해보고 타당한 소요시간을 측정하는 소위 직접시간측정법에 레이팅을 가한 것이 적당하다고 본다.

또 이와는 별도로 보전맨의 평균적인 연간 취업가능시간에서 월 평균취업시간을 계산하여 한사람의 보전맨에 담당하게 할 수 있는 대상기계 대수를 무리 없이 합리적으로 결정해서 터스크로서 부여하기로 한다.

보전부문에서는 작업의 종류나 내용이 복잡하므로 터스크(과업, 즉 책임을 질수 있는 일의 범위)가 확실하지 않다.

설비성능의 유지향상이 임무라면 관념적으로 알고 있어도 구체적으로 무엇을 어떻게 하느냐고 하는 내용이 명확치 않은 경우가 많아 매일 분주하게 뛰기만 하는 예가 많다

이와 같은 상태로는 합리적인 목표도 세울 수 없고, 보전조직이다. 체계다라고 하는 말만 앞세우거나 혹은 예산이 적다. 사람의 손이 부족하다등의 푸념에 시종해서 합리적 수단을 잡을 수 없다.

또한 기준에 따라 터스크를 받은 보전맨이 어떠한 스케줄로 임무를 수행해 가느냐는 각자의 자주성에 맡겨야 할 것이다.

그러기 위한 도움은 표7과 같은 「보전계획 및 실시표」를 작성하게 끔지

표 7 설비보전계획 및 실시표

××연도

××공장 설비보전계획 및 실시표

월·주 설비명	4월 1W	2W	3W	4W	5월	6월	…	1월	2월	3월	연월일	비고
×××기No. 1	▽		○		○	○		○	○			
×××기No. 2	○		▽		○	○		○	○	○		
×××기No. 3	○		○		○	▽		○	○	○		
○○○기						젤				젤		

○ 월례점검
△ 정기검사
◇ 정기정비
▽ 정기수리

(주) 이 난은 각 설비마다의 특가사항을 기입한다.

××보전원

보전계획 입안 요령

1. 예방보전을 한다고 정한 것 및 별항상 정해진 것을 대상으로 한다.
2. 보전의 1구룹마다 작성하고 용지의 크기는 A-1정도, 보전 작성에서 보기쉬운 곳에 게시한다.
3. 이 계획에는 매월 제1주에 월례점검을 모으고 제2, 3 주는 시간을 많이 필요로 하는 급유, 검사정비 등을 끼워맞춤 는 작성과의 평준화를 도모한다.
4. 정기검사, 정비를 하는 달은 월례점검을 할 필요가 없다
5. 정기수리에는 상기의 모두가 포함된 것으로 본다.

실행상의 주의사항

1. 이 계획을 세웠으면 최후까지 해내려고 하는 자세가 매우 중요하다.
2. 피치못할 이유로 계획을 변경했을때는 ○→○에 의해 표시 한다.
3. 실시한 것은 부호속을 적색연필로 칠하고 실시상황을 자기 가 관리함과 동시에 상급자에게로의 보고도 겸해서 하기로 한다.
4. 이 계획을 6~12개월 실행하면 설비의 약점, 기준의 불합 리가 반드시 나타나므로 계수체화, 기준개정 등을 적극적이 로 추진할 것.

검사적후를 므로 검정을 1 W 씁중

△△△기	○				○	○		○	○	젤		
□□기No. 1	○				○	△		○	○			
□□기No. 1	○				○	△		○	○			
□□기No. 1	○				젤	○			○	○		

비고
이 난은 당월 의 특가사항을 종합기입한다.

도할 정도로 해둔다.

여기에 실시예정을 부호로 기입시키고 월례점검이나 정기자주검사등은 1
개월마다 자유로이 주기를 선택하게 한다. 6개월, 1년 주기의 성능검사나정
기급유, 갱유에 대해서도 마찬가지로 말할 수 있다.

전체를 보고 작업의 평준화가 도모되며 또한 무리한 스케줄이 아니라면
감독자는 말할 필요가 전혀 없다.

사람은 누구라도 자기가 하려고 결심한 것은 전력을 다해 하려고 하는
열의를 갖고 있다. 이 계획은 계획대로 실시된 것을 적색으로 칠함으로써
자기자신이 수행상황을 관리함과 동시에 감독자에의 보고를 겸하게 된다.

계획대로 되지 않은것은 그 보전구룹 안에서 서로 협력해서 수행하게끔
노력을 시키고 감독자는 계획대로 진행되지 않은 원인을 캐지말고 측면에
서 원조해주는 배려가 중요하다.

이와 같이 해서 6개월에서 1년이 지나면 지준이나 계획의 평가, 개정을
하고 더한 높은 목표를 향해 도전해 감으로써 보전그룹 전체의 기술, 기능
이 원숙해진다.

그때 특히 기준의 개정에 대해서는 보통시부터 그 내용에 불합리한 점
이나 부적합한 점을 발견했을때 마다 기준서에 연필로 기입해두고 어떤 시
기에 정말로 그 개정이 필요한지 아닌지를 감독자 입회하에 심의, 결정해
야 한다. 라고 하는것은 보전의 기준서는 감독자가 부하에 주는 작업명령
서임과 동시에 기술, 기능의 기반이기 때문이다. 이렇게 해서 보전맨에 기
준을 지키는 책임을 지우고 또 감독자는 부하의 보전맨이 기준을 지키게끔
지도교육해 나가는 것이다.

또한 예컨대 기준대로 시행한 일이 결과적으로 실패이어서 미스가 일어
났다고 하더라도 감독자가 전 책임을 진다는 것을 명확히 해서 내외에 실천
하는 용기를 갖게하지 못한다면 기준은 도저히 지킬 수 없다.

더욱 부하의 일의 기준도 정하지 않고 일의 됨됨에 대해 부하에 책임을
지울 수는 없다고 확고히 못을 박아야 한다.

기계현장의 보전실무   대광서림   발행
                      박 승 국   편저

① 기계요소작업집   A 5판 256면

체결부품(締結部品)의
보전작업

② 기능장치집   A 5판 208면

송풍기 압축기의
보전작업

③ 기기정비집   A 5판 228면

전동기의 보전작업

기계현장의 보전실무 ①

기계요소 작업집 정가 9,000원

발행일	2011년 8월 18일 4쇄 인쇄
편저자	박 승 국
발행인	김 구 연
발행처	도서출판 대광서림

서울특별시 광진구 구의동 242-133

TEL. (02) 455-7818(代)
FAX. (02) 452-8690

등 록 1972.11.30 25100-1972-2호

ISBN 978-89-384-5041-8 93550